KB264765

스스로 알아서 하는

계산편

하루 **10**분수학

⑨ 단계
5학년 1학기
과정

하루10분수학(계산편)의 소개

스스로 알아서 하는 하루10분수학으로 공부에 자신감을 가지자!!!
스스로 공부 할 줄 아는 학생이 공부를 잘하게 됩니다.
책상에 앉으면 제일 처음 '하루10분수학'을 펴서 공부해 보세요.
기본적인 수학의 개념과 계산력 훈련은 집중력을 늘리게 되고
이 자신감으로 다른 학습도 하고 싶은 마음이 생길 것입니다.
매일매일 스스로 책상에 앉아서 연습하고 이어서 할 것을 계획하는 버릇이 생기면
비로소 자기주도학습이 몸에 배게 됩니다.

하루10분수학(계산편)의 활용

1. 아침 학교 가기 전 집에서 하루를 준비하세요.
2. 등교 후 1교시 수업 전 학교에서 풀고, 수업 준비를 완료하세요.
3. 하교 후 정한 시간에 책상에 앉고 제일 처음 이 교재를 학습하세요.

하루10분수학은 수학의 개념/원리 부분을 스스로 익혀
학교와 학원의 수업에서 이해가 빨리 되도록 돕고, 생각을 더 많이 할 수 있게 해 주는 교재입니다.
'1페이지 10분 100일 +8일 과정' 혹은 '5페이지 20일 속성 과정'으로 이용하도록 구성되어 있습니다.
본문의 오랜지색과 검정색의 조화는 기분을 좋게하고, 집중력을 높이데 많은 도움이 됩니다.

꿈을 향한 나의 목표

HAPPY

화이팅!!

나는   (하)고   한

(이)가 될거예요!

공부의 목표

예체능의 목표

생활의 목표

건강의 목표

나의 목표를 꼼꼼히 세우고, 목표를 달성하기위해 노력해요^^

목표를 향한 **나의 실천계획**

으싸 으싸!

 공부의 목표를 달성하기 위해

1.

2.

3.

할거예요.

🍊 **예체능**의 목표를 달성하기 위해

1.

2.

3.

할거예요.

 생활의 목표를 달성하기 위해

1.

2.

3.

할거예요.

 건강의 목표를 달성하기 위해

1.

2.

3.

할거예요.

 나의 목표를 꼼꼼히 세우고, 목표를 달성하기위해 노력해요^^

HAPPY

꿈을 향한 **나의 일정표**

월

SUN	MON	TUE	WED	THU	FRI	SAT

🌲 메모 하세요!

월

SUN	MON	TUE	WED	THU	FRI	SAT

🌲 메모 하세요!

 SMILE 꿈을 향한 나의 일정표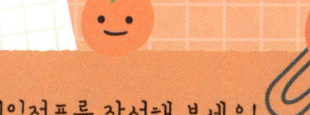

 월 ____ 이달의일정표를 작성해 보세요!

SUN	MON	TUE	WED	THU	FRI	SAT

 메모 하세요!

월 ____

SUN	MON	TUE	WED	THU	FRI	SAT

 메모 하세요!

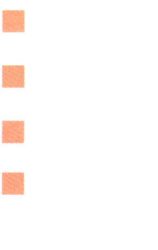 

하루10분수학(계산편)의 차례 ❾

5학년 1학기 과정

1일 10분 100일 / 1일 5회 20일 과정

※ 문제를 풀고난 후 틀린 점수를 적고 약한 부분을 확인하세요.

특별부록 : 총정리 문제 8회분 수록

하루10분수학(계산편)의 구성

1. 오늘 공부할 제목을 읽습니다.

2. 개념부분을 가능한 소리내어 읽으면서 이해합니다.

3. 개념부분을 참고하여 가능한 소리내어 읽으며 문제를 풉니다. 시작하기전 시계로 시간을 잽니다.

4. 다 풀었으면, 걸린시간을 적습니다. 정확히 풀다보면 빨라져요!!! 시간은 참고만^^

5. 스스로 답을 맞히고, 점수를 써 넣습니다. 틀린 문제는 다시 풀어봅니다.

6. 모두 끝났으면, 이어서 공부나 연습할 것을 스스로 정하고 실천합니다.

---

1 수 3개의 계산 (2)

소리내 읽기

4 + 1 - 3 의 계산

사과 4개에서 사과 1개를 더하면 사과 5개가 되고,
5개에서 3개를 빼면 사과는 2개가 됩니다.
이 것을 식으로 4+1-3=2이라고 씁니다.

4+1-3의 계산은 처음 두개 4+1을 먼저 계산하고, 그 값에
뒤에 있는 -3를 계산하면 됩니다.

$$4 + 1 - 3 = 2$$
$$5$$
$$2$$

※ 여러 개의 식이 붙어 있으면, 처음부터 한개 한개 계산합니다.

월 일
분 초

19 문제중 문제 맞혔니!

소리내 풀기

위의 내용을 생각해서 아래의 ☐ 에 알맞은 수를 적으세요.

1 2 + 2 - 1 = ☐
   4
   3

2 4 + 3 - 5 = ☐

3 5 + 4 - 2 = ☐

4 3 + 0 - 3 = ☐

5 2 + 3 - 3 = ☐

6 5 + 2 - 4 = ☐

7 4 + 1 - 2 = ☐

8 8 + 1 - 0 = ☐

9 5 + 2 - 6 = ☐

10 3 + 4 - 5 = ☐

11 1 + 6 - 3 = ☐

12 4 + 6 - 4 = ☐

이어서 나는 ☐ 을(를) 공부/연습할거야!! 05

---

tip 교재를 완전히 펴서 사용해도 잘 뜯어지지 않습니다.

스스로 알아서 하는

하루 10분 수학

계산편

배울 내용

9단계

5학년 1학기 과정

짝수 (2, 4, 6, 8, 10, 12, 14...)

① **2의 배수인 자연수**

2의 **1**배수인 **2**는 짝수 (2 × 1 = **2**이고 짝수.)

2의 **5**배수인 **10**은 짝수 (2 × 5 = **10**이고 짝수.)

② **2로 나누어 떨어지는 수** (**2**로 나눠 나머지가 없는 수)

10은 2로 나누면 나머지가 없으므로 짝수 입니다.

(10 ÷ 2 = 5···**0**이므로 짝수입니다.)

홀수 (1, 3, 5, 7, 9, 11, 13...)

① **짝수**가 아닌 자연수 (**2**의 배수가 아닌 수)

2, 4, 6, 8, 10, 12...가 짝수 이므로

1, 3, 5, 7, 9, 11, 13...은 **홀수**입니다.

② **2로 나누어 떨어지지 않는 수** (**2**로 나눠 나머지가 있는 수)

11을 2로 나누면 나머지가 **1**이 있으므로 홀수 입니다.

(11 ÷ 2 = 5···**1**이므로 홀수입니다.)

위에 있는 홀수와 짝수를 잘 이해하고, 아래 문제를 풀어보세요.

01. 1부터 10 까자의 수 중 **짝수**를 모두 적으세요.

02. 31부터 40 까자의 수 중 **짝수**를 모두 적으세요.

03. 220부터 231 까지의 수 중 **짝수**를 모두 적으세요.

04. 10 보다 큰 수 중 **짝수**는 일의 자리가

☐ , ☐ , ☐ , ☐ , ☐ 인 수 입니다.

05. 왜 **50**이 **짝수**인지 이유를 적으세요. (2가지 이상)

06. 1부터 10 까지의 수 중 **홀수**를 모두 적으세요.

07. 31부터 40 까지의 수 중 **홀수**를 모두 적으세요.

08. 220부터 231 까지의 수 중 **홀수**를 모두 적으세요.

09. **홀수**는 반드시 일의 자리가

☐ , ☐ , ☐ , ☐ , 인 수 입니다.

10. 왜 **61**이 **홀수**인지 이유를 적으세요. (2가지 이상)

※ 자연수는 반드시 홀수 아니면 짝수입니다.

※ 아무리 큰 수라도 일의 자리수만 알면 홀수인지 짝수인지 알 수 있습니다.

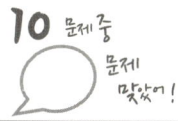

소리내읽기

약수 : 어떤 수를 나누어 떨어지게 하는 수

6의 약수 구하기

6을 1,2,3,... 6까지 나누었을때, 나누어 떨어지게 하는 수

$6 \div 1 = 6$ $6 \div 4 = 1 \cdots 2$ → 4와 5로 나누면 나머지가 있으므로 약수가 아닙니다.

$6 \div 2 = 3$ $6 \div 5 = 1 \cdots 1$ →

$6 \div 3 = 2$ $6 \div 6 = 1$

➡ **6의 약수는 1, 2, 3, 6 입니다.**

배수 : 어떤 수를 1배, 2배, 3배, ...한 수

5의 배수 구하기

5의 1배수는 5입니다. ← $5 \times 1 = 5$

5의 2배수는 10입니다. ← $5 \times 2 = 10$

5의 3배수는 15입니다. ← $5 \times 3 = 15$

5의 4배수는 20입니다. ← $5 \times 4 = 20$ .... 이므로

➡ **5의 배수는 5, 10, 15, 20, ... 입니다.**

소리내풀기

지정한 수의 약수나 배수를 구하세요.

01. 4의 **약수**를 모두 구하세요.

어떤수를 1 부터 2.3.4.. 자기 자신 의 수까지 하나씩 나눠 보고, 나눠 떨어지는 수가 약수입니다.

02. 8의 **약수**를 모두 구하세요.

03. 15의 **약수**를 모두 구하세요.

04. 20의 **약수**를 모두 구하세요.

05. **약수**를 구하는 방법을 적으세요.

06. 4의 **1**배수부터 **5**배수까지 순서대로 적으세요.

07. 9의 **6**배수부터 **10**배수까지 순서대로 적으세요.

08. 23의 **3**배수와 **22**배수를 구하세요.

09. 236의 **33**배수를 구하세요.

10. **배수**를 구하는 방법을 적으세요.

※ 어떤 수의 약수는 1과, 자기 자신의 수를 반드시 포함하고, 어떤 수의 약수는 정해져 있습니다. (6의 약수는 1,2,3,6 → 4개)
1부터 2,3,4,...씩 나눠 떨어지는지 하나하나 나눠보고 약수를 찾습니다.

※ 어떤 수의 배수는 1배부터 몇백배, 몇천배...까지 무수히 많은 수의 배수가 있습니다. (끝없이 많습니다.)
★ 배 = X ★ (★ 곱하기와 같습니다.)

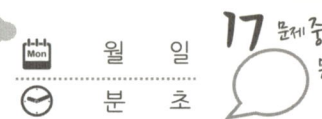

03 약수와 배수 (연습)

 아래의 물음에 알맞은 글이나 수를 적으세요.

01. **약수** 구하는 방법을 적으세요.

....

....

02. 2의 **약수**는 ☐ , ☐ 입니다.

03. 3의 **약수**는 ☐ , ☐ 입니다.

04. 4의 **약수**는 ☐ , ☐ , ☐ 입니다.

05. 5의 **약수**는 ☐ , ☐ 입니다.

06. 6의 **약수**는 ☐ , ☐ , ☐ , ☐ 입니다.

07. 7의 **약수**는 ☐ , ☐ 입니다.

08. 8의 **약수**는 ☐ , ☐ , ☐ , ☐ 입니다.

09. 9의 **약수**는 ☐ , ☐ , ☐ 입니다.

10. 10의 **약수**는 ☐ , ☐ , ☐ , ☐ 입니다.

11. 12의 **약수**를 모두 구하세요.

....

12. 15의 **약수**를 모두 구하세요.

....

13. 25의 **약수**를 모두 구하세요.

....

14. 30의 **약수**를 모두 구하세요.

....

15. **배수** 구하는 방법을 적으세요.

....

....

16. 9의 **1배수**부터 **9배수**까지 순서대로 적으세요.

....

17. 151의 **22배수**를 구하세요.

....

 14 이어서 나는 ☐ 을(를) 공부/연습할거야!!

값이 앞과 뒤에 있을 뿐 같은 말입니다.

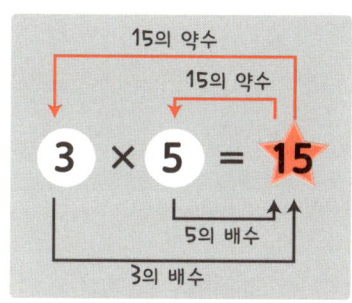

3과 5는 15의 약수이고
15는 3과 5의 배수입니다.

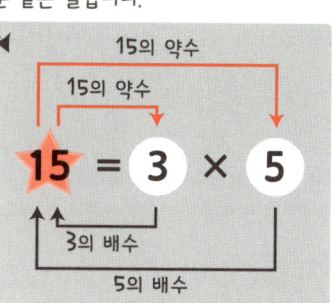

15는 3과 5의 배수이고,
3과 5는 15의 약수입니다.

○ × ● = ☆ 일때, ○와 ●는 ☆의 **약수**입니다.
☆은 ○와 ●의 **배수**입니다.

☆ = ○ × ● 일때, ☆은 ○와 ●의 **배수**입니다.
○와 ●는 ☆의 **약수**입니다.

약수와 배수의 관계를 잘 이해하고, 아래 빈칸을 채우세요.

01. 4 × 6 = 24 일때,

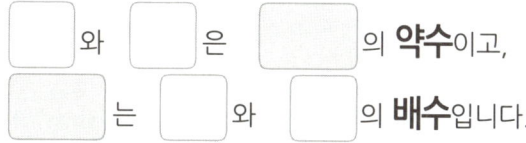

와 은 의 **약수**이고,

는 와 의 **배수**입니다.

02. 9 × 8 = 72 일때,

와 은 의 **약수**이고,

는 와 의 **배수**입니다.

03. 35 = 7 × 5 일때,

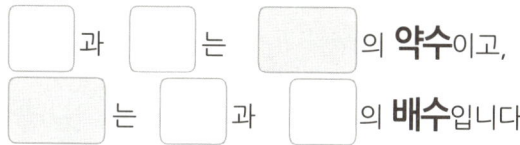

과 는 의 **약수**이고,

는 과 의 **배수**입니다.

04. 30 = 10 × 3 일때,

과 은 의 **약수**이고,

는 과 의 **배수**입니다.

05. "8과 7은 56의 **약수**입니다." 를 식으로 표현하면

또는 입니다.

06. "5와 3은 15의 **약수**입니다." 를 식으로 표현하면

또는 입니다.

07. "63은 9와 7의 **배수**입니다." 를 식으로 표현하면

또는 입니다.

08. "24는 6과 4의 **배수**입니다." 를 식으로 표현하면

또는 입니다.

09. "10과 12는 120의 **약수**이고,

120은 10과 12의 **배수**입니다."를 식으로 표현하면

또는 입니다.

이어서 나는 을(를) 공부/연습할거야!!

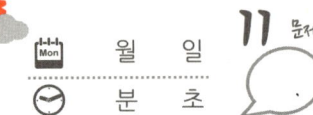

05 약수와 배수의 관계 (연습)

 소리내 풀기

약수와 배수에 관한 문제입니다. 아래 빈칸에 알맞은 수를 적거나, 식을 만들어 보세요.

01. 6은 **짝수**와 홀수 중 [ ] 이고,

6의 **약수**를 모두 구하면 [ ] , [ ] , [ ] , [ ] 이며,

6의 **7배수**는 [ ] 입니다.

02. 8은 **짝수**와 홀수 중 [ ] 이고,

8의 **약수**를 모두 구하면 [ ] , [ ] , [ ] , [ ] 이며,

8의 **9배수**는 [ ] 입니다.

03. 9는 짝수와 **홀수** 중 [ ] 이고,

9의 **약수**를 모두 구하면 [ ] , [ ] , [ ] 이며,

9의 **5배수**는 [ ] 입니다.

04. 12는 짝수와 홀수 중 [ ] 이고,

12의 **약수**를 모두 구하면

[ ] , [ ] , [ ] , [ ] , [ ] , [ ] 이며,

12의 **10배수**는 [ ] 입니다.

05. 24는 짝수와 홀수 중 [ ] 이고,

24의 **약수**를 모두 구하면

[ ] , [ ] , [ ] , [ ] , [ ] , [ ] , [ ] ,

[ ] 이며, 24의 **20배수**는 [ ] 입니다.

06. $5 \times 8 = 40$ 일때,

[ ] 와 [ ] 은 [ ] 의 **약수**이고,

[ ] 은 [ ] 와 [ ] 의 **배수**입니다.

07. $56 = 7 \times 8$ 일때,

[ ] 은 [ ] 과 [ ] 의 **배수**이고,

[ ] 과 [ ] 은 [ ] 의 **약수**입니다.

08. $391 = 17 \times 23$ 일때,

391은 17과 23 의 [ ] 이고,

17과 23은 391의 [ ] 입니다.

09. "4와 9는 36의 **약수**입니다."를 식으로 표현하면

[ ] 또는 [ ] 입니다.

10. "42는 6과 7의 **배수**입니다."를 식으로 표현하면

[ ] 또는 [ ] 입니다.

11. "9와 7은 63의 **약수**이고,

63은 9와 7의 **배수**입니다."를 식으로 표현하면

[ ] 또는 [ ] 입니다.

확인 (틀린 문제의 수를 적고, 약한 부분을 보충하세요.)

회차	틀린문제수
01 회	문제
02 회	문제
03 회	문제
04 회	문제
05 회	문제

생각해보기

앞에서 배운 5회차 내용이 모두 이해 되었나요?

1. 모두 이해되고 자신있다. → 다음 회로 넘어 갑니다.

2. 2~3문제 틀릴 수는 있겠지만 거의 이해한다.
  → 개념부분을 한번 더 읽고 다음 회로 넘어 갑니다.

3. 잘 모르는 것 같다.
  → 개념부분과 틀린문제를 한번 더 보고 다음 회로 넘어 갑니다.

틀린 문제가 있었다면 왜 틀렸을거라고 생각합니까?

1. 개념 설명이 어려워서 잘 모르겠다.   2. 다 아는데 실수한 것 같다.

3. 빨리 끝내고 싶어서 집중할 수가 없다.   4. 하기 싫어서....

오답노트 (앞에서 틀린 문제나 기억하고 싶은 문제를 적습니다.)

회	번
문제	풀이

회	번
문제	풀이

회	번
문제	풀이

회	번
문제	풀이

회	번
문제	풀이

소리내 읽기

어떤 수를 곱셈으로 바꿀 수 있습니다.

① 8를 곱셈으로 늘여쓰기

$8 = 2 \times 4$
$= 2 \times 2 \times 2$

4는 2 × 2로 더 쪼갤 수 있으므로
더이상 쪼갤 수 없을때까지 늘여 씁니다.

② 30를 곱셈으로 늘여쓰기

$30 = 2 \times 15$
$= 2 \times 3 \times 5$

15는 3 × 5로 더 쪼갤 수 있으므로
더이상 쪼갤 수 없을때까지 늘여 씁니다.

소리내 풀기

위의 늘여쓰기를 이해하고 아래의 ☐ 에 들어갈 알맞은 수를 적으세요.

01. $12 = 2 \times \square$
$= 2 \times \square \times \square$

02. $18 = 2 \times \square$
$= 2 \times \square \times \square$

03. $20 = 2 \times \square$
$= 2 \times \square \times \square$

04. $27 = 3 \times \square$
$= 3 \times \square \times \square$

05. $28 = 2 \times \square$
$= 2 \times \square \times \square$

06. $42 = 2 \times \square$
$= 2 \times \square \times \square$

07. $16 = 2 \times \square$
$= 2 \times \square \times \square$
$= 2 \times \square \times \square \times \square$

08. $24 = 2 \times \square$
$= 2 \times \square \times \square$
$= 2 \times \square \times \square \times \square$

09. $32 = 2 \times \square$
$= 2 \times \square \times \square$
$= 2 \times \square \times \square \times \square$
$= 2 \times \square \times \square \times \square \times \square$

10. $48 = 2 \times \square$
$= 2 \times \square \times \square$
$= 2 \times \square \times \square \times \square$
$= 2 \times \square \times \square \times \square \times \square$

※ 늘여쓰기는 2, 3, 5, 7, 11, 13.....과 같이 더 쪼갤 수 없는 수까지 쪼개서 늘여써야 합니다.

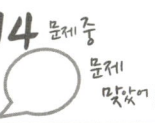

이어서 나는 _____ _____ _____ _____

 아래는 숫자를 최대한 늘여쓰기하는 과정을 설명한 것입니다. 빈칸에 알맞은 수를 적으세요.

01. $4 = 2 \times \boxed{}$

02. $6 = 2 \times \boxed{}$

03. $8 = 2 \times \boxed{} = 2 \times \boxed{} \times \boxed{}$

04. $9 = 3 \times \boxed{}$

05. $10 = 2 \times \boxed{}$

06. $12 = 2 \times \boxed{}$
$ = 2 \times \boxed{} \times \boxed{}$

07. $14 = 2 \times \boxed{}$

08. $15 = 3 \times \boxed{}$

09. $16 = 2 \times \boxed{}$
$ = 2 \times \boxed{} \times \boxed{}$
$ = 2 \times \boxed{} \times \boxed{} \times \boxed{}$

10. $18 = 3 \times \boxed{}$
$ = 3 \times \boxed{} \times \boxed{}$

11. $20 = 2 \times \boxed{}$
$ = 2 \times \boxed{} \times \boxed{}$

12. $21 = 3 \times \boxed{}$

13. $22 = 2 \times \boxed{}$

14. $24 = 2 \times \boxed{}$
$ = 2 \times \boxed{} \times \boxed{}$
$ = 2 \times \boxed{} \times \boxed{} \times \boxed{}$

08 공약수와 최대공약수

공약수 : 두 수의 **공통**인 **약수**
최대공약수 : 두 수의 **공약수** 중 가장 **큰 수**

8의 약수 : 1, 2, 4, 8
12의 약수 : 1, 2, 3, 4, 6, 12

➡ 공약수 : 1, 2, 4
　최대공약수 : 4

공약수와 최대공약수의 관계

두 수의 공약수는 두 수의 최대공약수의 약수와 같습니다.

20의 약수 : 1, 2, 4, 5, 10, 20
30의 약수 : 1, 2, 3, 5, 6, 10, 15, 30

➡ 공약수 : 1, 2, 5, 10
　최대공약수 : 10

최대공약수 10의 약수와 같습니다.

공약수와 최대공약수를 이해하고, 아래 문제를 풀어보세요.

01. 12의 약수 :

16의 약수 :

12와 16의 **공약수** :

12와 16의 **최대공약수** :

02. 18의 약수 :

27의 약수 :

18과 27의 **공약수** :

18과 27의 **최대공약수** :

03. 16의 약수 :

24의 약수 :

16과 24의 **공약수** :

16과 24의 **공약수** 중 가장 큰 **공약수** :

16과 24의 **최대공약수** :

04. 24와 42의 최대공약수는 **6**입니다.

24와 42의 **공약수**는 _____ 입니다.

05. 35와 56의 최대공약수는 **7**입니다.

35와 56의 **공약수**는 _____ 입니다.

06. 84와 96의 최대공약수는 **12**입니다.

84와 96의 **공약수**는 _____ 입니다.

07. 45와 75의 최대공약수는 **15**입니다.

45와 75의 **공약수**는 _____ 입니다.

※ 최대공약수의 약수와 두 수의 공약수가 같은지 확인해 봅니다.

※ 최대공약수를 알면 두 수의 약수를 구할 수 있습니다.

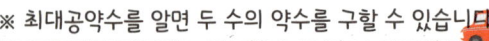

소리내
풀기 두 수의 약수를 알아보고, 공약수와 최대공약수를 구하세요.

01. 6의 약수 :

12의 약수 :

6과 12의 **공약수** :

6과 12의 **공약수** 중 가장 큰 **공약수** :

6과 12의 **최대공약수** :

02. 14의 약수 :

21의 약수 :

14와 21의 **공약수** :

14와 21의 **공약수** 중 가장 큰 **공약수** :

14와 21의 **최대공약수** :

03. 15의 약수 :

30의 약수 :

15와 30의 **공약수** :

15와 30의 **최대공약수** :

04. 18의 약수 :

24의 약수 :

18과 24의 **공약수** :

18과 24의 **최대공약수** :

05. 18과 36의 최대공약수는 **18**입니다.

18과 36의 **공약수**는 _____ 입니다.

06. 20과 30의 최대공약수는 **10**입니다.

20과 30의 **공약수**는 _____ 입니다.

07. 26과 65의 최대공약수는 **13**입니다.

26과 65의 **공약수**는 _____ 입니다.

08. 28과 42의 최대공약수는 **14**입니다.

28과 42의 **공약수**는 _____ 입니다.

09. 32와 48의 최대공약수는 **16**입니다.

32와 48의 **공약수**는 _____ 입니다.

10. 45와 60의 최대공약수는 **15**입니다.

45와 60의 **공약수**는 _____ 입니다.

※ 8과 12의 공약수는 8과 12의 최대공약수인 4의 약수와 같습니다.
두 수의 공약수는 두 수의 최대공약수의 약수와 같습니다.

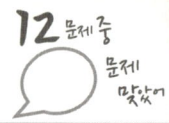

⤳ 공약수를 구하라는 표시입니다.

문제) 귤 **12**개와 딸기 **20**개를 각 접시에 <u>남김없이 똑같이 나눠</u> 담으려고 합니다. 접시는 몇 개가 필요할까요?

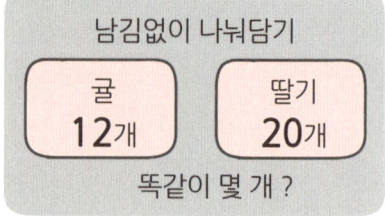

남김없이 나눠담기

| 귤 12개 | 딸기 20개 |

똑같이 몇 개 ?

풀이) 접시 **1**개 : 귤 **12**개, 딸기 **20**개

접시 **2**개 : 귤 **6**개, 딸기 **10**개, 접시 **4**개 : 귤 **3**개, 딸기 5개

따라서, 귤과 딸기를 똑같이 나눠 담을 수 있는 접시의 수는

1, 2, 4이고, **12**와 **20**의 공약수와 같습니다.

식) **12**와 **20**의 공약수   답) **1**개, **2**개, **4**개

아래의 문제를 풀어보세요.

01. 책 **24**권과 공책 **16**권을 학생들에게 <u>남김없이 똑같이 나눠</u> 주려고 합니다. 몇 명에게 줄 수 있을까요?

풀이) 책의 수 : ☐ 권, 공책의 수 : ☐ 권

남김없이 똑같이 나눠담기 : 공약수

따라서, 책과 공책의 공약수인 ☐ 명, ☐ 명, ☐ 명, ☐ 명에게 나눠 줄 수 있습니다.

식) _____   답) _____

02. 사탕 **25**개와 껌 **50**개를 봉투에 <u>남김없이 똑같이 담을려고</u> 합니다. 봉투는 몇 개가 필요한 지 적으세요.

(식 2점   답 1점)

풀이)

식) _____   답) _____

03. **48**과 **36**을 어떤 수로 나누었더니 <u>모두 나누어 떨어졌습니다.</u> 어떤 수를 찾아 모두 적으세요.

(식 2점   답 1점)

풀이)

식) _____   답) _____

04. 내가 문제를 만들어 풀어 봅니다. (공약수)

풀이)

(문제 2점   식 2점   답 1점)

※ 재미있는 문제를 만들어보세요. 만들기 어렵다면 앞의 문제에 숫자만 바꾸서 만들어 봅니다.

식) _____   답) _____

확인 (틀린 문제의 수를 적고, 약한 부분을 보충하세요.)

회차	틀린문제수
06 회	문제
07 회	문제
08 회	문제
09 회	문제
10 회	문제

생각해보기

앞에서 배운 5회차 내용이 모두 이해 되었나요?

1. 모두 이해되고 자신있다. → 다음 회로 넘어 갑니다.

2. 2~3문제 틀릴 수는 있겠지만 거의 이해한다.
    → 개념부분을 한번 더 읽고 다음 회로 넘어 갑니다.

3. 잘 모르는 것 같다.
    → 개념부분과 틀린문제를 한번 더 보고 다음 회로 넘어 갑니다.

틀린 문제가 있었다면 왜 틀렸을거라고 생각합니까?

1. 개념 설명이 어려워서 잘 모르겠다.   2. 다 아는데 실수한 것 같다.

3. 빨리 끝내고 싶어서 집중할 수가 없다.   4. 하기 싫어서....

오답노트 (앞에서 틀린 문제나 기억하고 싶은 문제를 적습니다.)

회		번
문제		풀이

회		번
문제		풀이

회		번
문제		풀이

회		번
문제		풀이

회		번
문제		풀이

11 최대공약수 구하기 (1)

 곱셈식으로 구하기

곱셈으로 늘여쓰기 해서, 공통된 부분이 최대공약수 입니다.

① $8 = 2 \times 2 \times 2$
① $12 = 2 \times 2 \times 3$

2×2가 공통부분이므로 이 때 값인 4가 최대공약수가 됩니다.

➡ 8과 12의 곱셈 늘여쓰기에서 공통으로 들어 있는 부분 : 2×2

➡ 8과 12의 최대공약수 : 4 ← $2 \times 2 = 4$

 위와 같이 곱셈식을 이용한 방법으로 두 수의 최대공약수를 구하세요.

01. $6 = \boxed{} \times \boxed{}$

$12 = \boxed{} \times \boxed{} \times \boxed{}$

공통된 부분 : $\boxed{} \times \boxed{}$

6과 12의 **최대공약수** : $\boxed{}$

02. $14 = \boxed{} \times \boxed{}$

$21 = \boxed{} \times \boxed{}$

공통된 부분 : $\boxed{}$

14와 21의 **최대공약수** : $\boxed{}$

03. $20 = \boxed{} \times \boxed{} \times \boxed{}$

$28 = \boxed{} \times \boxed{} \times \boxed{}$

공통된 부분 : $\boxed{} \times \boxed{}$

20과 28의 **최대공약수** : $\boxed{}$

04. $18 =$

$24 =$

공통된 부분 :

18과 24의 **최대공약수** : $\boxed{}$

05. $16 =$

$20 =$

공통된 부분 :

16과 20의 **최대공약수** : $\boxed{}$

06. $15 =$

$35 =$

공통된 부분 :

15와 35의 **최대공약수** : $\boxed{}$

07. $5 = 5$

$15 = 5 \times 3$

공통된 부분 : 5

5와 15의 **최대공약수** : $\boxed{}$

08. $11 =$

$66 =$

공통된 부분 :

11과 66의 **최대공약수** : $\boxed{}$

09. $24 =$

$36 =$

공통된 부분 :

12와 16의 **최대공약수** : $\boxed{}$

※ 두 수를 곱셈 늘여쓰기하여 공통된 부분이 최대공약수 입니다.

이어서 나는 $\boxed{}$ 을(를) 공부/연습할거야!!

 곱셈식을 이용한 방법으로 두 수의 최대공약수를 구하세요.

01. 8 = ☐ × ☐ × ☐

28 = ☐ × ☐ × ☐

공통된 부분 : ☐ × ☐

8과 28의 **최대공약수** : ☐

02. 33 = ☐ × ☐

55 = ☐ × ☐

공통된 부분 : ☐

33과 55의 **최대공약수** : ☐

03. 12 = ☐ × ☐ × ☐

18 = ☐ × ☐ × ☐

공통된 부분 : ☐ × ☐

12와 18의 **최대공약수** : ☐

04. 30 = ☐ × ☐ × ☐

40 = ☐ × ☐ × ☐ × ☐

공통된 부분 : ☐ × ☐

30과 40의 **최대공약수** : ☐

05. 12 =

24 =

공통된 부분 :

12와 24의 **최대공약수** :

06. 24 =

40 =

공통된 부분 :

24와 40의 **최대공약수** :

07. 36 =

54 =

공통된 부분 :

36과 54의 **최대공약수** :

08. 42 =

63 =

공통된 부분 :

42와 63의 **최대공약수** :

09. 45 =

54 =

공통된 부분 :

45와 54의 **최대공약수** :

10. 42 =

70 =

공통된 부분 :

42와 70의 **최대공약수** :

11. 26 =

39 =

공통된 부분 :

26과 39의 **최대공약수** :

12. 14 =

35 =

공통된 부분 :

14와 35의 **최대공약수** :

※ 두 수를 곱셈 늘여쓰기하여 공통된 부분이 최대공약수 입니다.

 나눗셈식으로 구하기
두 수를 같이 나누는 방법으로 최대공약수를 구합니다.

최대공약수 : 2×2 = **4**

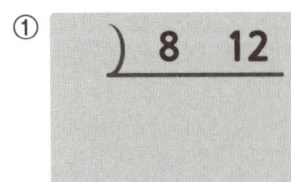 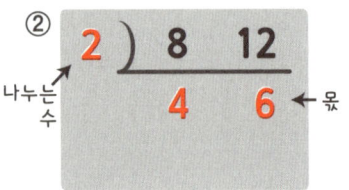 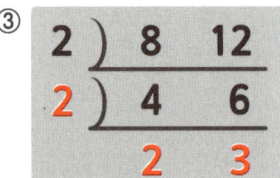 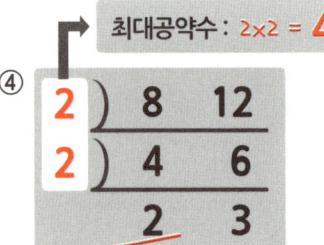

① 위와 같이 8과 12를 거꾸러 나누기식으로 씁니다.

② 8과 12를 2로 나누어 몫을 그 밑에 적습니다.

③ 나눈 몫 4와 6을 2로 나누어 몫을 그 밑에 적습니다.

④ 2와 3은 더이상 같이 나눌 수 없으므로, 나눈 수 2와 2의 곱이 최대공약수 입니다.

 위와 같이 나눗셈식을 이용한 방법으로 두 수의 최대공약수를 구하세요.

01. 6과 12의 **최대공약수** :
```
) 6   12
)
```

02. 14와 21의 **최대공약수** :
```
) 14   21
```

03. 20과 28의 **최대공약수** :
```
) 20   28
)
```

04. 18과 28의 **최대공약수** :
```
) 18   28
```

05. 16과 20의 **최대공약수** :
```
) 16   20
)
```

06. 15와 35의 **최대공약수** :
```
) 15   35
```

07. 24와 32의 **최대공약수** :
```
) 24   32
)
)
```

08. 27과 36의 **최대공약수** :
```
) 27   36
)
```

09. 36과 60의 **최대공약수** :
```
) 36   60
)
)
```

※ 구하려는 식을 나눗셈식으로 바꿔 적고, 더 이상 나눠질 수 없을 때까지 계산합니다. 이때 앞의 수들의 곱이 최대공약수입니다.

14 최대공약수 구하기 (연습2)

위와 같이 나눗셈식을 이용한 방법으로 두 수의 최대공약수를 구하세요.

01. 8과 28의 **최대공약수** : ☐

　　　) 8　 28

02. 33과 55의 **최대공약수** : ☐

　　　) 33　　 55

03. 12와 18의 **최대공약수** : ☐

　　　) 12　　 18

04. 30과 40의 **최대공약수** : ☐

　　　) 30　　 40

05. 12와 24의 **최대공약수** : ☐

　　　)

06. 24와 40의 **최대공약수** : ☐

　　　)

07. 36과 54의 **최대공약수** : ☐

　　　)

08. 42와 63의 **최대공약수** : ☐

　　　)

09. 45와 54의 **최대공약수** : ☐

　　　)

10. 42와 70의 **최대공약수** : ☐

　　　)

11. 26과 39의 **최대공약수** : ☐

　　　)

12. 14와 35의 **최대공약수** : ☐

　　　)

※ 구하려는 식을 나누셈식으로 바꿔 적고, 더 이상 나눠질 수 없을 때까지 계산합니다. 이때 앞의 수들의 곱이 최대공약수입니다.

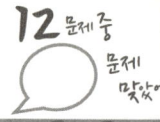

문제) 사과 **16**개와 복숭아 **36**개를 가장 많은 접시에 남김없이 똑같이 나눠 담으려고 합니다. 접시는 몇 개가 필요할까요?

→최대 →공약수

풀이) 사과수 **16**개   복숭아 **36**개

최대한 남김없이 많이 나눠담기 : 최대공약수

따라서, 사과와 복숭아의 최대공약수인 **4**개의 접시에

담을 때, 가장 많은 접시에 담을 수 있습니다.

식) 16과 36의 최대공약수   답) 4개

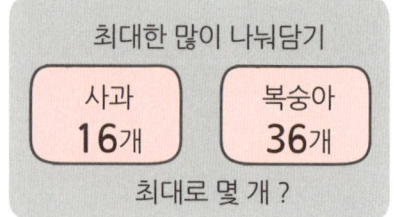

최대한 많이 나눠담기

| 사과 16개 | 복숭아 36개 |

최대로 몇 개 ?

아래의 문제를 풀어보세요.

' 최대한 ',' 될 수 있는대로 많은 (큰)',' 가장 많은 (큰) '과 같은 말이 들어가면 최대공약수를 이용합니다.

01. 연필 **48**자루와 지우개 **24**개를 남김없이 똑같이 나누어 주면, 최대 몇 명까지 줄 수 있을까요?

풀이) 연필의 수 : ☐ 자루,   지우개의수 : ☐ 개

최대한 남김없이 똑같이 나눠담기 : ☐

따라서, 연필과 지우개의 ☐ 인 ☐

명까지 나눠 줄 수 있습니다.

식) _____   답) _____

02. 과자 **63**개와 아이스크림 **36**개를 봉투에 남김없이 똑같이 담을려고 합니다. 봉투는 최대 몇 개가 필요할까요?

(식 2점
답 1점)

풀이)

식) _____   답) _____

03. 56과 42를 어떤 수로 나누었더니 모두 나누어 떨어졌습니다. 어떤 수 중 가장 큰 수를 적으세요.

(식 2점
답 1점)

풀이)

식) _____   답) _____

04. 내가 문제를 만들어 풀어 봅니다. (최대공약수)

(문제 2점
식 2점
답 1점)

풀이)

식) _____   답) _____

확인 (틀린 문제의 수를 적고, 약한 부분을 보충하세요.)

회차	틀린문제수
11 회	문제
12 회	문제
13 회	문제
14 회	문제
15 회	문제

생각해보기

앞에서 배운 5회차 내용이 모두 이해 되었나요?

1. 모두 이해되고 자신있다. → 다음 회로 넘어 갑니다.

2. 2~3문제 틀릴 수는 있겠지만 거의 이해한다.
   → 개념부분을 한번 더 읽고 다음 회로 넘어 갑니다.

3. 잘 모르는 것 같다.
   → 개념부분과 틀린문제를 한번 더 보고 다음 회로 넘어 갑니다.

틀린 문제가 있었다면 왜 틀렸을거라고 생각합니까?

1. 개념 설명이 어려워서 잘 모르겠다.   2. 다 아는데 실수한 것 같다.

3. 빨리 끝내고 싶어서 집중할 수가 없다.   4. 하기 싫어서....

오답노트 (앞에서 틀린 문제나 기억하고 싶은 문제를 적습니다.)

회	번
문제	풀이

회	번
문제	풀이

회	번
문제	풀이

회	번
문제	풀이

회	번
문제	풀이

16 공배수와 최소공배수

공배수 : 두 수의 **공통**인 배수
최소공배수 : 두 수의 **공배수** 중 가장 **작은 수**

6의 배수 : 6, 12, 18, 24, 30, 36, 42....
9의 배수 : 9, 18, 27, 36, 45....

➡ 공배수 : 18, 36, ...
　 최소공배수 : 18

공배수와 최소공배수의 관계

두 수의 공배수는 두수의 최소공배수의 배수와 같습니다.

6의 배수 : 6, 12, 18, 24, 30, 36, 42....
9의 배수 : 9, 18, 27, 36, 45....

➡ 공배수 : 18, 36, ... ← 최소공배수 18의 배수와 같습니다.
　 최소공배수 : 18

공배수와 최소공배수를 잘 이해하고, 아래 문제를 풀어봅니다.

01. 3의 배수 : _____
　　5의 배수 : _____
　　3과 5의 **공배수** : _____
　　3과 5의 **최소공배수** : ☐

02. 4의 배수 : _____
　　6의 배수 : _____
　　4와 6의 **공배수** : _____
　　4과 6의 **최소공배수** : ☐

03. 5의 배수 : _____
　　6의 배수 : _____
　　5와 6의 **공배수** : _____
　　5와 6의 **공배수** 중 가장 작은 **공배수** : ☐
　　5와 6의 **최소공배수** : ☐

04. 6과 8의 최소공배수는 24입니다.
　　6과 8의 **공배수**는 ____ , ____ , ____ ,.... 입니다.

05. 7과 21의 최소공배수는 21입니다.
　　7과 21의 **공배수**는 ____ , ____ , ____ ,.... 입니다.

06. 8과 12의 최소공배수는 24입니다.
　　8와 12의 **공배수**는 ____ , ____ , ____ ,.... 입니다.

07. 9와 15의 최대공약수는 45입니다.
　　9와 15의 **공배수**는 ____ , ____ , ____ ,.... 입니다.

※ 최대공약수의 약수와 두 수의 공약수가 같은지 확인해 봅니다.

※ 최대공약수를 알면 두 수의 약수를 구할 수 있습니다.

이어서 나는 ☐ 을(를) 공부/연습할거야!!

아래 문제는 배수, 공배수, 최소공배수에 관한 문제입니다. 빈칸을 채워 보세요.

01. 12의 배수 : _____

18의 배수 : _____

12와 18의 **공배수** : _____

12와 18의 **공배수** 중 가장 작은 **공배수** : ☐

12와 18의 **최소공배수** : ☐

02. 6의 배수 : _____

15의 배수 : _____

6과 15의 **공배수** : _____

6과 15의 **공배수** 중 가장 작은 **공배수** : ☐

6과 15의 **최소공배수** : ☐

03. 10의 배수 : _____

20의 배수 : _____

10과 20의 **공배수** : _____

10과 20의 **최소공배수** : ☐

04. 12의 배수 : _____

30의 배수 : _____

12와 30의 **공배수** : _____

12와 30의 **최소공배수** : ☐

05. 6과 24의 최소공배수는 24입니다.

6과 24의 **공배수**는 ____ , ____ , ____ ,... 입니다.

06. 12와 16의 최소공배수는 48입니다.

12와 16의 **공배수**는 ____ , ____ , ____ ,... 입니다.

07. 20과 30의 최소공배수는 60입니다.

20과 30의 **공배수**는 ____ , ____ , ____ ,... 입니다.

08. 15와 45의 최소공배수는 45입니다.

15와 45의 **공배수**는 ____ , ____ , ____ ,... 입니다.

09. 10과 12의 최소공배수는 60입니다.

10과 12의 **공배수**는 ____ , ____ , ____ ,... 입니다.

10. 16과 32의 최소공배수는 32입니다.

16과 32의 **공배수**는 ____ , ____ , ____ ,... 입니다.

※ 8과 12의 공배수는 8과 12의 최소공배수인 24의 배수와 같습니다.
두 수의 공배수는 두 수의 최소공배수의 배수와 같습니다.

소리내
읽기

문제) **3**cm마다 빨간점을 찍고, **2**cm마다 검은점을 찍으면 빨간점과 검은점이 <u>만나는 길이</u>를 적으세요.

→ 공배수 (일정한 간격 찾기)

풀이) 빨간점 = 3cm, 6cm, 9cm, 12cm, ...

검은점 = 2cm, 4cm, 6cm, 8cm, 10cm, 12cm, ...

따라서, 빨간점과 검은점은 6cm, 12cm, 18cm,...이고,

3cm와 **2**cm의 **공배수**에서 만납니다.

식) **3**cm와 **2**cm의 **공배수**   답) 6cm, 12cm, 18cm,...

점이 만나는 곳

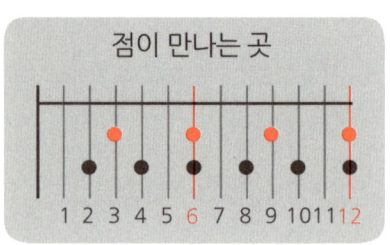

소리내
풀기

아래의 문제를 풀어보세요.

01. 위에는 **10**cm인 나무조각을 계속 붙이고, 밑에는 **15**cm인 나무조각을 계속 붙이면, <u>같이 끝나는</u> 지점은 몇 cm일까요?

풀이) 위의 나무조각 길이 : ☐

밑의 나무조각 길이 : ☐

서로 만나는 지점은 두 나무조각의 ☐ 이므로

☐ , ☐ , ☐ , ☐ ,...에서

같이 끝납니다.

식) _____   답) _____

02. **5**일에 한번씩 수영을 하고, **4**일에 한번씩 등산을 가기로 했습니다. 수영과 등산을 <u>같이 하는</u> 날은 몇 일마다 돌아올까요?

(식 2점
 답 1점)

풀이)

식) _____   답) _____

03. 수학책은 하루에 **4**쪽씩 보고, 과학책은 하루에 **6**쪽씩 본다면 <u>같은 페이지에서 끝나는</u> 쪽은 몇 쪽, 몇 쪽일까요?

(식 2점
 답 1점)

풀이)

식) _____   답) _____

04. 내가 문제를 만들어 풀어 봅니다. (공배수)

풀이)

(문제 2점
 식 2점
 답 1점)

식) _____   답) _____

※ 몇 **일**로 물었으면 몇 **일**로 답해야 합니다. **일**을 안 적으면 틀린 답입니다.

19 최소공배수 구하기 (1)

곱셈식으로 구하기

곱셈으로 늘여쓰기 해서, (공통된 부분의 곱) × (남은 수의 곱)이 최소공배수가 됩니다

$$8 = \boxed{2 \times 2} \times 2$$
$$12 = \cancel{2} \times \cancel{2} \times 3$$

8과 12의 최소공배수
$$= 2 \times 2 \times 2 \times 3$$
$$= 24$$

➡ 8과 12에서 공통으로 있는 부분 : 2×2
8과 12에서 남은 부분 : $\times 2, \times 3$
➡ 8과 12의 최소공배수 $= 2 \times 2 \times 2 \times 3 = 24$

위와 같이 곱셈식을 이용한 방법으로 두 수의 최소공약수를 구하세요.

01. $6 = \boxed{} \times \boxed{}$
$12 = \boxed{\diagup} \times \boxed{\diagup} \times \boxed{}$
(공통부분) :
× (남은부분)
6과 12의 최소공배수 : ☐

02. $12 = \boxed{} \times \boxed{} \times \boxed{}$
$15 = \boxed{} \times \boxed{}$
(공통부분) :
× (남은부분)
12와 15의 최소공배수 : ☐

03. $14 = \boxed{} \times \boxed{}$
$21 = \boxed{} \times \boxed{}$
(공통부분) :
× (남은부분)
14와 21의 최소공배수 : ☐

04. $15 = $ ....
$45 = $ ....
(공통부분) :
× (남은부분)
15와 45의 최소공배수 : ☐

05. $8 = $ ....
$24 = $ ....
(공통부분) :
× (남은부분)
8과 24의 최소공배수 : ☐

06. $10 = $ ....
$15 = $ ....
(공통부분) :
× (남은부분)
10과 15의 최소공배수 : ☐

07. $11 = 11$
$33 = 11 \times 3$
(공통부분) : 11×3
× (남은부분)
11과 33의 최소공배수 : ☐

08. $7 = $ ....
$28 = $ ....
(공통부분) :
× (남은부분)
7과 28의 최소공배수 : ☐

09. $16 = $ ....
$40 = $ ....
(공통부분) :
× (남은부분)
16과 40의 최소공배수 : ☐

※ 두 수를 곱셈 늘여쓰기하여 공통된 부분을 지우고, 모두 적으면 최소공배수가 됩니다. (공통된 부분만 곱하면 최대공약수가 됩니다.)

이어서 나는 ☐ 을(를) 공부/연습할거야!!

33

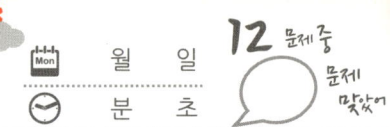
 소리내 풀기 곱셈식을 이용한 방법으로 두 수의 최대공약수를 구하세요.

01. 8 = ☐ × ☐ × ☐
     28 = ☐ × ☐ × ☐
     (공통부분)
     × (남은부분) :
     8과 28의 **최소공배수** : ☐

02. 9 = ☐ × ☐
     12 = ☐ × ☐
     (공통부분)
     × (남은부분) :
     9와 12의 **최소공배수** : ☐

03. 10 = ☐ × ☐
     30 = ☐ × ☐ × ☐
     (공통부분)
     × (남은부분) :
     10과 30의 **최소공배수** : ☐

04. 12 = ☐ × ☐ × ☐
     20 = ☐ × ☐ × ☐
     (공통부분)
     × (남은부분) :
     12와 20의 **최소공배수** : ☐

05. 14 =
     28 =
     (공통부분)
     × (남은부분) :
     14와 28의 **최소공배수** : ☐

06. 14 =
     70 =
     (공통부분)
     × (남은부분) :
     14와 70의 **최소공배수** : ☐

07. 15 =
     18 =
     (공통부분)
     × (남은부분) :
     15와 18의 **최소공배수** : ☐

08. 16 =
     20 =
     (공통부분)
     × (남은부분) :
     16과 20의 **최소공배수** : ☐

09. 18 =
     27 =
     (공통부분)
     × (남은부분) :
     18과 27의 **최소공배수** : ☐

10. 20 =
     50 =
     (공통부분)
     × (남은부분) :
     20과 50의 **최소공배수** : ☐

11. 24 =
     30 =
     (공통부분)
     × (남은부분) :
     24와 30의 **최소공배수** : ☐

12. 25 =
     40 =
     (공통부분)
     × (남은부분) :
     25와 40의 **최소공배수** : ☐

※ 두 수를 곱셈 늘여쓰기하여 공통된 부분이 최대공약수 입니다.

이어서 나는 ☐ 을(를) 공부/연습할거야!!

확인 (틀린 문제의 수를 적고, 약한 부분을 보충하세요.)

회차	틀린문제수
16 회	문제
17 회	문제
18 회	문제
19 회	문제
20 회	문제

생각해보기

앞에서 배운 5회차 내용이 모두 이해 되었나요?

1. 모두 이해되고 자신있다. → 다음 회로 넘어 갑니다.

2. 2~3문제 틀릴 수는 있겠지만 거의 이해한다.
   → 개념부분을 한번 더 읽고 다음 회로 넘어 갑니다.

3. 잘 모르는 것 같다.
   → 개념부분과 틀린문제를 한번 더 보고 다음 회로 넘어 갑니다.

틀린 문제가 있었다면 왜 틀렸을거라고 생각합니까?

1. 개념 설명이 어려워서 잘 모르겠다.   2. 다 아는데 실수한 것 같다.

3. 빨리 끝내고 싶어서 집중할 수가 없다.   4. 하기 싫어서....

오답노트 (앞에서 틀린 문제나 기억하고 싶은 문제를 적습니다.)

회	번
문제	풀이

회	번
문제	풀이

회	번
문제	풀이

회	번
문제	풀이

회	번
문제	풀이

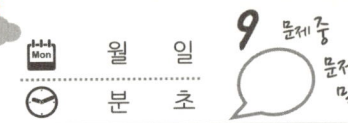
 나눗셈식으로 구하기

두 수를 같이 나누는 방법으로 최소공배수를 구합니다. ➡ 모두 다 곱합니다.

최소공배수 : $2 \times 2 \times 2 \times 3 = 24$

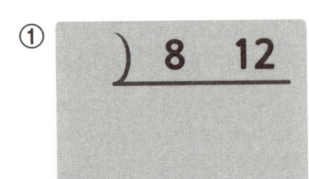
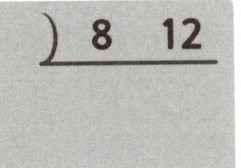
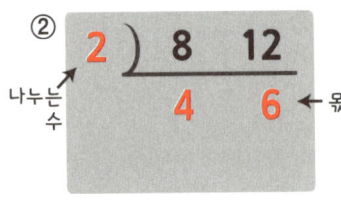
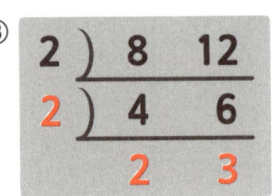
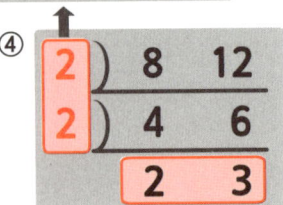

① 위와 같이 8과 12를 거꾸러 나누기식으로 씁니다.

② 8과 12를 2로 나누어 몫을 그 밑에 적습니다.

③ 나눈 몫 4와 6을 2로 나누어 몫을 그 밑에 적습니다.

④ 나누는 수와 마지막에 남은 몫을 모두 곱하면 최소공배수가 됩니다.

 위와 같이 나눗셈식을 이용한 방법으로 두 수의 최소공배수를 구하세요.

01. 6과 12의 **최소공배수** : ☐

) 6   12

)

02. 12와 15의 **최소공배수** : ☐

) 12   15

03. 14와 21의 **최소공배수** : ☐

) 14   21

04. 15와 45의 **최소공배수** : ☐

) 15   45

)

05. 8과 24의 **최소공배수** : ☐

) 8   24

)

)

06. 10과 15의 **최소공배수** : ☐

) 10   15

07. 11과 33의 **최소공배수** : ☐

) 11   33

)

08. 21과 28의 **최소공배수** : ☐

) 21   28

09. 16과 40의 **최소공배수** : ☐

) 16   40

)

)

※ 구하려는 식을 나눗셈식으로 바꿔 적고, 더 이상 나눠질 수 없을 때까지 계산합니다. 이때 앞의 수들의 곱이 최대공약수입니다.

 나눗셈식을 이용한 방법으로 두 수의 최소공배수를 구하세요.

01. 8과 28의 최소공배수 :

) 8   28

)

05. 14와 28의 최소공배수 :

)

)

09. 18과 27의 최소공배수 :

)

)

02. 9와 12의 최소공배수 :

) 9   12

06. 14와 70의 최소공배수 :

)

)

10. 20과 50의 최소공배수 :

)

)

03. 10과 30의 최소공배수 :

) 10   30

)

07. 15와 18의 최소공배수 :

)

)

11. 24와 30의 최소공배수 :

)

)

04. 12와 36의 최소공배수 :

) 12   36

)

)

08. 16과 20의 최소공배수 :

)

)

12. 25와 40의 최소공배수 :

)

)

※ 앞의 수들의 곱은 최대공약수, 옆까지 모두 곱하면 최소공배수입니다.

문제) 윤희는 4일마다, 민지는 6일마다 수영장에 갑니다. 오늘 윤희와 민지가 만났다면, 다음에 만날 날은 몇 일 뒤일까요?

풀이) 윤희 = 4일, 8일, 12일, 16일, 20일, 24일, ...

민지 = 6일, 12일, 18일, 24일, ...

따라서, 윤희와 민지는 12일, 24일,...후에 수영장에서 만나고,

4와 6의 **최소공배수**날에 다시 만납니다.

식) 4와 6의 최소공배수   답) 12일 뒤

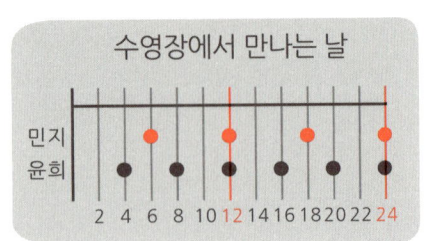

수영장에서 만나는 날

민지
윤희
2 4 6 8 10 12 14 16 18 20 22 24

아래의 문제를 풀어보세요.

'최소한','될 수 있는대로 적은 (작은)','가장 적은 (작은)','일정한 간격 찾기','동시에','같이'와 같은 말이 들어가면 최소공배수를 이용합니다.

01. 직선 0mm부터 파란점은 8mm, 빨간점은 12mm 간격으로 점을 찍으면, 처음 동시에 찍히는 곳은 몇 mm일까요?

풀이) 파란점 간격 = ☐ mm

빨간점 간격 = ☐ mm

서로 처음 만나는 점은 두 점의 ☐ 이므로

☐ mm에서 처음 동시에 찍힙니다.

03. 21일에 한번씩 시장에 가고, 14일에 한번씩 목욕탕을 간다면, 다음에 동시에 두가지를 다 하는 날은 몇 일 뒤일까요? (오늘 두가지를 다 했습니다.)

(식 2점 / 답 1점)

풀이)

식) ＿＿＿＿＿ 답) ＿＿＿＿＿

식) ＿＿＿＿＿ 답) ＿＿＿＿＿

02. 민체는 6일 마다, 주영이는 9일 마다 도서관을 갑니다. 오늘 도서관에서 만났다면, 몇 일 후에 도서관에 같이 있을까요?

(식 2점 / 답 1점)

풀이)

04. 내가 문제를 만들어 풀어 봅니다. (최소공배수)

풀이)

(문제 2점 / 식 2점 / 답 1점)

식) ＿＿＿＿＿ 답) ＿＿＿＿＿

식) ＿＿＿＿＿ 답) ＿＿＿＿＿

※ 몇 mm로 물었으면 몇 mm로 답해야 합니다. mm을 안 적으면 틀린 답입니다.

24 최대공약수와 최소공배수 1

 곱셈 늘여쓰기에서
최대공약수는 공통된 부분의 곱입니다.

$$8 = \boxed{2 \times 2} \times 2$$
$$12 = \boxed{2 \times 2} \times 3$$

8과 12의 **최대공약수**
= 2×2
= 4

곱셈 늘여쓰기에서
모든 부분의 곱
최소공배수는 (공통된 부분) × (남은 부분) 입니다.

$$8 = \boxed{2 \times 2 \times 2}$$
$$12 = \boxed{2 \times 2} \times 3$$

8과 12의 **최소공배수**
= $2 \times 2 \times 2 \times 3$
= 24

 곱셈식을 이용한 방법으로 두 수의 최대공약수와 최소공배수를 구하는 식과 답을 적으세요.

01. $6 = \boxed{} \times \boxed{}$
$12 = \boxed{} \times \boxed{} \times \boxed{}$

최대공약수 : $2 \times 3 =$

최소공배수 : $2 \times 2 \times 3 =$

02. $12 = \boxed{} \times \boxed{} \times \boxed{}$
$15 = \boxed{} \times \boxed{}$

최대공약수 :

최소공배수 :

03. $14 = \boxed{} \times \boxed{}$
$21 = \boxed{} \times \boxed{}$

최대공약수 :

최소공배수 :

04. $15 =$
$45 =$

최대공약수 :

최소공배수 :

05. $8 =$
$24 =$

최대공약수 :

최소공배수 :

06. $10 =$
$15 =$

최대공약수 :

최소공배수 :

07. $11 =$
$33 =$

최대공약수 :

최소공배수 :

08. $7 =$
$28 =$

최대공약수 :

최소공배수 :

09. $16 =$
$40 =$

최대공약수 :

최소공배수 :

※ 최대공약수 : 공통부분만 곱한 수 ,   최소공배수 : 공통부분 중 1 부분만 빼고 모두 곱한 수

소리내 풀기 곱셈식을 이용한 방법으로 두 수의 최대공약수를 구하세요.

01. 8 = □ × □ × □

28 = □ × □ × □

최대공약수 :

최소공배수 :

02. 33 = □ × □

55 = □ × □

최대공약수 :

최소공배수 :

03. 12 = □ × □ × □

18 = □ × □ × □

최대공약수 :

최소공배수 :

04. 30 = □ × □ × □

40 = □ × □ × □ × □

최대공약수 :

최소공배수 :

05. 12 =

24 =

최대공약수 :

최소공배수 :

06. 24 =

40 =

최대공약수 :

최소공배수 :

07. 36 =

54 =

최대공약수 :

최소공배수 :

08. 42 =

63 =

최대공약수 :

최소공배수 :

09. 45 =

54 =

최대공약수 :

최소공배수 :

10. 42 =

70 =

최대공약수 :

최소공배수 :

11. 26 =

39 =

최대공약수 :

최소공배수 :

12. 14 =

35 =

최대공약수 :

최소공배수 :

※ 두 수를 곱셈 늘여쓰기하여 공통된 부분이 최대공약수 입니다.

확인 (틀린 문제의 수를 적고, 약한 부분을 보충하세요.)

회차	틀린문제수
21 회	문제
22 회	문제
23 회	문제
24 회	문제
25 회	문제

오답노트 (앞에서 틀린 문제나 기억하고 싶은 문제를 적습니다.)

회	번
문제	풀이

회	번
문제	풀이

회	번
문제	풀이

회	번
문제	풀이

회	번
문제	풀이

생각해보기

앞에서 배운 5회차 내용이 모두 이해 되었나요?

1. 모두 이해되고 자신있다. → 다음 회로 넘어 갑니다.

2. 2~3문제 틀릴 수는 있겠지만 거의 이해한다.
   → 개념부분을 한번 더 읽고 다음 회로 넘어 갑니다.

3. 잘 모르는 것 같다.
   → 개념부분과 틀린문제를 한번 더 보고 다음 회로 넘어 갑니다.

틀린 문제가 있었다면 왜 틀렸을거라고 생각합니까?

1. 개념 설명이 어려워서 잘 모르겠다.   2. 다 아는데 실수한 것 같다.

3. 빨리 끝내고 싶어서 집중할 수가 없다.   4. 하기 싫어서....

 소리내 읽기

나눗셈식으로 구할 때,
최대공약수는 몫의 곱입니다.

2)	8	12
2)	4	6
	2	3

8과 12의 **최대공약수**
= 2×2
= 4

※ 옆 부분은 공통되게 나눌 수 있는 수를 알 수 있습니다.

나눗셈식으로 구할 때,
최소공배수는 몫과 나머지의 곱입니다. 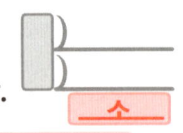 소

2)	8	12
2)	4	6
	2	3

8과 12의 **최소공배수**
= $2 \times 2 \times 2 \times 3$
= 24

※ 밑 부분은 공통된 부분을 나누고 남는 수의 몫입니다.

 소리내 풀기
곱셈식을 이용한 방법으로 두 수의 최대공약수와 최소공배수를 구하는 식과 답을 적으세요.

01. 9와 15의 최대공약수 : ☐
최소공배수 : ☐
) 9   15

02. 16과 24의 최대공약수 : ☐
최소공배수 : ☐
) 16   24
)

03. 26과 52의 최대공약수 : ☐
최소공배수 : ☐
) 26   52
)

04. 18과 45의 최대공약수 : ☐
최소공배수 : ☐
) 18   45

05. 12와 24의 최대공약수 : ☐
최소공배수 : ☐
) 12   24

06. 21과 35의 최대공약수 : ☐
최소공배수 : ☐
) 21   35

07. 20과 35의 최대공약수 : ☐
최소공배수 : ☐
) 20   35

08. 16과 40의 최대공약수 : ☐
최소공배수 : ☐
) 16   40

09. 18과 27의 최대공약수 : ☐
최소공배수 : ☐
) 18   27

※ 우리나라 말은 끝까지 들어봐야 알 수 있습니다. 최대공약수 (약수 중 가장 큰 수)는 최소공배수 (배수 중 가장 작은 수) 보다 수가 작습니다.

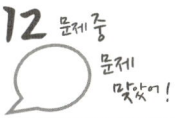

 위와 같이 나눗셈식을 이용한 방법으로 두 수의 최대공약수를 구하세요.

01.   4와 6의 최대공약수 :

최소공배수 :

) 4   6

02. 10과 15의 최대공약수 :

최소공배수 :

) 10   15

03. 12와 32의 최대공약수 :

최소공배수 :

) 12   32

04. 15와 40의 최대공약수 :

최소공배수 :

) 15   40

05. 22와 55의 최대공약수 :

최소공배수 :

)

06. 14와 21의 최대공약수 :

최소공배수 :

)

07. 16과 28의 최대공약수 :

최소공배수 :

)

08. 15와 45의 최대공약수 :

최소공배수 :

)

09. 24와 32의 최대공약수 :

최소공배수 :

)

10. 18과 24의 최대공약수 :

최소공배수 :

)

11. 10과 25의 최대공약수 :

최소공배수 :

)

12. 30과 40의 최대공약수 :

최소공배수 :

)

※ 구하려는 식을 나누셈식으로 바꿔 적고, 더 이상 나눠질 수 없을 때까지 계산합니다. 이때 앞의 수들의 곱이 최대공약수입니다.

이어서 나는 [   ] 을(를) 공부/연습할거야!

28 최대공약수와 최소공배수 (연습3)

 위와 같이 나눗셈식을 이용한 방법으로 두 수의 최대공약수를 구하세요.

01. 6과 50의 최대공약수 :

최소공배수 :

) 6   50

05. 15와 50의 최대공약수 :

최소공배수 :

)

09. 18과 66의 최대공약수 :

최소공배수 :

)

02. 8과 20의 최대공약수 :

최소공배수 :

) 8   20

06. 16과 24의 최대공약수 :

최소공배수 :

)

10. 15와 48의 최대공약수 :

최소공배수 :

)

03. 9와 12의 최대공약수 :

최소공배수 :

) 9   12

07. 32와 56의 최대공약수 :

최소공배수 :

)

11. 21과 30의 최대공약수 :

최소공배수 :

)

04. 21과 49의 최대공약수 :

최소공배수 :

) 21   49

08. 15와 24의 최대공약수 :

최소공배수 :

)

12. 8과 40의 최대공약수 :

최소공배수 :

)

※ 구하려는 식을 나눗셈식으로 바꿔 적고, 더 이상 나눠질 수 없을 때까지 계산합니다. 이때 앞의 수들의 곱이 최대공약수입니다.

이어서 나는 □□□□ 을(를) 공부/연습할거야!!

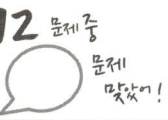
 두 수의 최대공약수와 최소공배수를 주어진 방법으로 구하고, 빈칸을 채우세요.

01. 4 = ☐ × ☐

14 = ☐ × ☐

최대공약수 :

최소공배수 :

02. 6 = ☐ × ☐

18 = ☐ × ☐ × ☐

최대공약수 :

최소공배수 :

03. 9 = ☐ × ☐

12 = ☐ × ☐ × ☐

최대공약수 :

최소공배수 :

04. 10 = ☐ × ☐

30 = ☐ × ☐ × ☐

최대공약수 :

최소공배수 :

05. 10과 12의 최대공약수 : ☐

최소공배수 : ☐

)

06. 12와 30의 최대공약수 : ☐

최소공배수 : ☐

)

07. 18과 27의 최대공약수 : ☐

최소공배수 : ☐

)

08. 14와 21의 최대공약수 : ☐

최소공배수 : ☐

)

09. 36과 60의 최대공약수 : ☐

최소공배수 : ☐

)

10. 27과 36의 최대공약수 : ☐

최소공배수 : ☐

)

11. 16과 40의 최대공약수 : ☐

최소공배수 : ☐

)

12. 45와 72의 최대공약수 : ☐

최소공배수 : ☐

)

두 수의 최대공약수와 최소공배수를 주어진 방법으로 구하고, 빈칸을 채우세요.

01. 9 = ☐ × ☐
30 = ☐ × ☐ × ☐

최대공약수 :

최소공배수 :

02. 6 = ☐ × ☐
34 = ☐ × ☐

최대공약수 :

최소공배수 :

03. 15 = ☐ × ☐
20 = ☐ × ☐ × ☐

최대공약수 :

최소공배수 :

04. 18 = ☐ × ☐ × ☐
28 = ☐ × ☐ × ☐

최대공약수 :

최소공배수 :

05. 6과 8의 최대공약수 :

최소공배수 :

06. 8과 36의 최대공약수 :

최소공배수 :

07. 10과 25의 최대공약수 :

최소공배수 :

08. 8과 10의 최대공약수 :

최소공배수 :

09. 24와 40의 최대공약수 :

최소공배수 :

10. 32와 60의 최대공약수 :

최소공배수 :

11. 18과 30의 최대공약수 :

최소공배수 :

12. 15와 50의 최대공약수 :

최소공배수 :

확인 (틀린 문제의 수를 적고, 약한 부분을 보충하세요.)

회차	틀린문제수
26 회	문제
27 회	문제
28 회	문제
29 회	문제
30 회	문제

생각해보기

앞에서 배운 5회차 내용이 모두 이해 되었나요?

1. 모두 이해되고 자신있다. → 다음 회로 넘어 갑니다.

2. 2~3문제 틀릴 수는 있겠지만 거의 이해한다.
  → 개념부분을 한번 더 읽고 다음 회로 넘어 갑니다.

3. 잘 모르는 것 같다.
  → 개념부분과 틀린문제를 한번 더 보고 다음 회로 넘어 갑니다.

틀린 문제가 있었다면 왜 틀렸을거라고 생각합니까?

1. 개념 설명이 어려워서 잘 모르겠다.   2. 다 아는데 실수한 것 같다.

3. 빨리 끝내고 싶어서 집중할 수가 없다.   4. 하기 싫어서....

오답노트 (앞에서 틀린 문제나 기억하고 싶은 문제를 적습니다.)

회	번
문제	풀이

회	번
문제	풀이

회	번
문제	풀이

회	번
문제	풀이

회	번
문제	풀이

  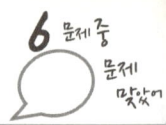

 $\frac{1}{2}$, $\frac{2}{4}$, $\frac{3}{6}$,....과 같이 같은 크기를 나타내는 분수를 **크기가 같은 분수**라고 합니다.

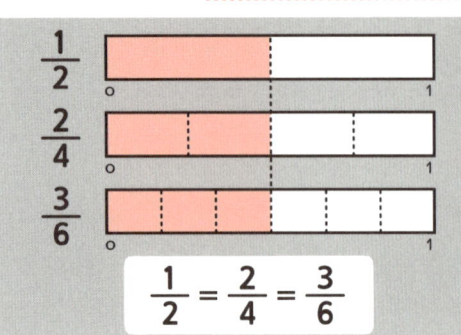

$$\frac{1}{2} = \frac{2}{4} = \frac{3}{6}$$

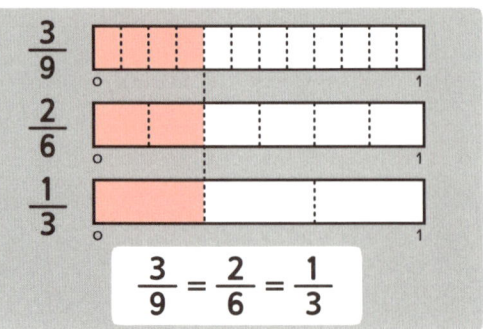

$$\frac{3}{9} = \frac{2}{6} = \frac{1}{3}$$

 같은 분수가 되도록 색을 칠하고, 빈칸에 알맞은 수를 적으세요.

01.

$$\frac{1}{4} = \frac{\boxed{}}{8} = \frac{\boxed{}}{12}$$

04.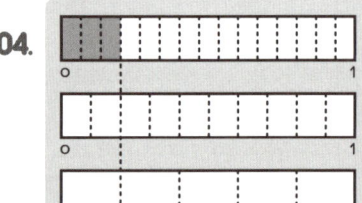

$$\frac{3}{15} = \frac{\boxed{}}{10} = \frac{\boxed{}}{5}$$

02.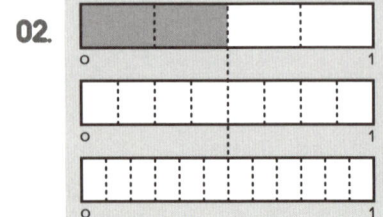

$$\frac{2}{4} = \frac{\boxed{}}{8} = \frac{\boxed{}}{12}$$

05.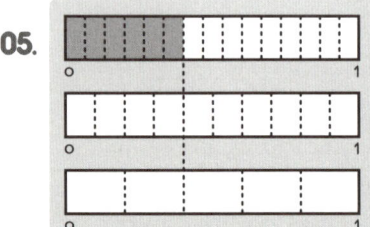

$$\frac{6}{15} = \frac{\boxed{}}{10} = \frac{\boxed{}}{5}$$

03.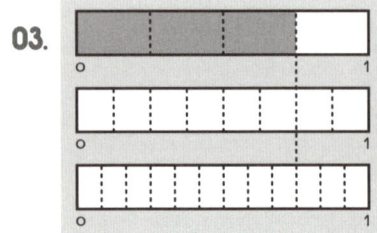

$$\frac{3}{4} = \frac{\boxed{}}{8} = \frac{\boxed{}}{12}$$

06.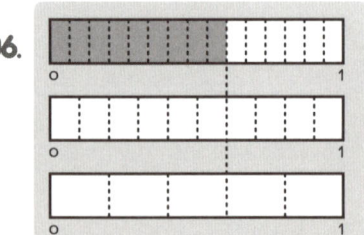

$$\frac{9}{15} = \frac{\boxed{}}{10} = \frac{\boxed{}}{5}$$

※ 분모 부분의 값 바뀜에 따라 분자가 어떻게 바뀌는지 생각해 봅니다.

32 크기가 같은 분수 만들기

 0이 아닌 같은 수를 **곱하여** 만들기 (**곱셈**으로 만들기)

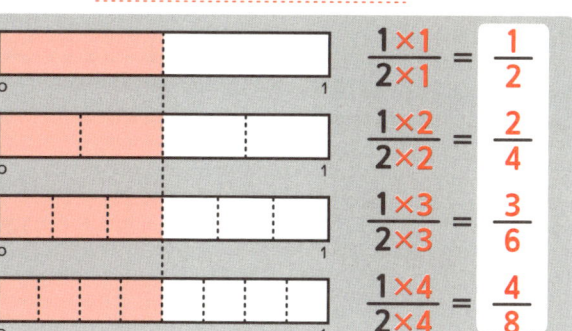

$$\frac{1\times1}{2\times1} = \frac{1}{2}$$

$$\frac{1\times2}{2\times2} = \frac{2}{4}$$

$$\frac{1\times3}{2\times3} = \frac{3}{6}$$

$$\frac{1\times4}{2\times4} = \frac{4}{8}$$

0이 아닌 같은 수를 **나누어** 만들기 (**나눗셈**으로 만들기)

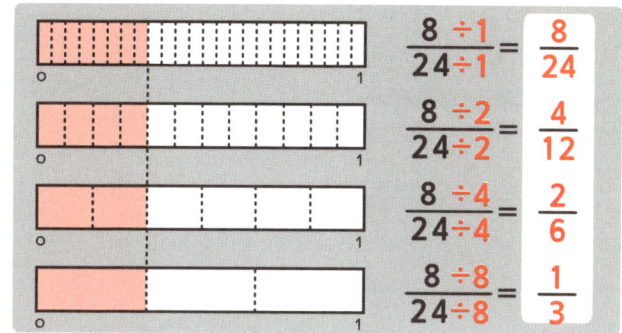

$$\frac{8\div1}{24\div1} = \frac{8}{24}$$

$$\frac{8\div2}{24\div2} = \frac{4}{12}$$

$$\frac{8\div4}{24\div4} = \frac{2}{6}$$

$$\frac{8\div8}{24\div8} = \frac{1}{3}$$

 같은 분수가 되도록 색을 칠하고, 빈칸에 알맞은 수를 적으세요.

01.

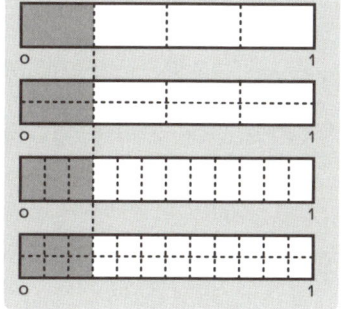

$$\frac{1}{4} = \frac{\Box}{8} = \frac{\Box}{12} = \frac{\Box}{24}$$

02. $\dfrac{3}{4} = \dfrac{3\times\Box}{4\times2} = \dfrac{3\times\Box}{4\times3} = \dfrac{3\times\Box}{4\times4}$

$$\frac{3}{4} = \frac{\Box}{8} = \frac{\Box}{12} = \frac{\Box}{16}$$

03. $\dfrac{4}{5} = \dfrac{4\times\Box}{5\times2} = \dfrac{4\times\Box}{5\times3} = \dfrac{4\times\Box}{5\times4}$

$$\frac{4}{5} = \frac{\Box}{10} = \frac{\Box}{15} = \frac{\Box}{20}$$

 크기가 같은 분수가 되도록 빈칸에 알맞은 수를 적으세요.

04.

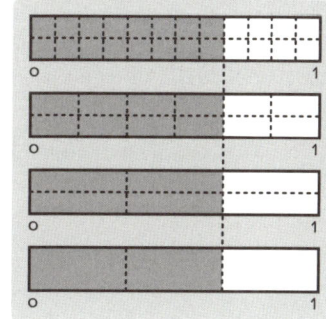

$$\frac{16}{24} = \frac{\Box}{12} = \frac{\Box}{6} = \frac{\Box}{3}$$

05. $\dfrac{18}{24} = \dfrac{18\div\Box}{24\div2} = \dfrac{18\div\Box}{24\div3} = \dfrac{18\div\Box}{24\div6}$

$$\frac{8}{20} = \frac{\Box}{12} = \frac{\Box}{8} = \frac{\Box}{4}$$

06. $\dfrac{20}{30} = \dfrac{20\div\Box}{30\div2} = \dfrac{20\div\Box}{30\div5} = \dfrac{20\div\Box}{30\div10}$

$$\frac{20}{30} = \frac{\Box}{15} = \frac{\Box}{6} = \frac{\Box}{3}$$

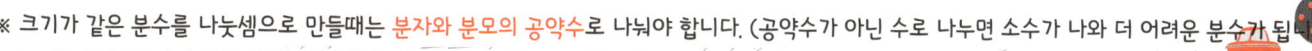
※ 크기가 같은 분수를 나눗셈으로 만들때는 분자와 분모의 공약수로 나눠야 합니다. (공약수가 아닌 수로 나누면 소수가 나와 더 어려운 분수가 됩니다.)

이어서 나는 _____ 을(를) 공부/연습할거야!

33 약분과 기약분수 1

 소리내 읽기

분모와 분자를 **공약수**로 나눠 간단히 하는 것을 **약분한다**고 합니다.

$\dfrac{6}{12}$ 을 약분하기 → 6과 12의 **공약수**는 1,2,3,6 이므로 2,3,6으로 나눕니다.

$\dfrac{6÷2}{12÷2} = \dfrac{3}{6}$ $\dfrac{6÷3}{12÷3} = \dfrac{2}{4}$ $\dfrac{6÷6}{12÷6} = \dfrac{1}{2}$

분모와 분자를 **최대공약수**로 나눠, 더이상 나눌 수 없는 분수를 **기약분수**라고 합니다. (분모와 분자의 공약수가 1인 분수)

$\dfrac{6}{12}$ 의 기약분수 → 6과 12의 **최대공약수**는 6이므로 6으로 나눕니다.

$\dfrac{6×6}{12×6} = \dfrac{1}{2}$ → $\dfrac{1}{2}$ 은 더 이상 **약분**할 수 없으므로, **기약분수**가 됩니다.

 소리내 풀기   주어진 분수를 약분하여 나올 수 있는 가능한 모든 분수를 적고, 기약분수도 찾아 보세요.

01. 16과 24의 **공약수**는 ☐ , ☐ , ☐ , ☐ 입니다.

$\dfrac{16}{24}$ 을 약분하면 ——— , ——— , ——— 이 되며,

$\dfrac{16}{24}$ 의 **기약분수**는 **최대공약수**로 나눈 ——— 입니다.

02. 27과 36의 **공약수**는 ☐ , ☐ , ☐ 입니다.

$\dfrac{27}{36}$ 을 약분하면 ——— , ——— 이 되며,

$\dfrac{27}{36}$ 의 **기약분수**는 **최대공약수**로 나눈 ——— 입니다.

03. 15와 45의 **공약수**는 ☐ , ☐ , ☐ , ☐ 입니다.

$\dfrac{15}{45}$ 를 약분하면 ——— , ——— , ——— 이 되며,

$\dfrac{15}{45}$ 의 **기약분수**는 **최대공약수**로 나눈 ——— 입니다.

04. 12와 16의 **공약수**는 .... 입니다.

$\dfrac{12}{16}$ 를 약분하면 .... 이 되며,

$\dfrac{12}{16}$ 의 **기약분수**는 **최대공약수**로 나눈 ——— 입니다.

05. 6과 30의 **공약수**는 .... 입니다.

$\dfrac{6}{30}$ 을 약분하면 .... 이 되며,

$\dfrac{6}{30}$ 의 **기약분수**는 **최대공약수**로 나눈 ——— 입니다.

06. 32와 48의 **공약수**는 .... 입니다.

$\dfrac{32}{48}$ 을 약분하면 .... 이 되며,

$\dfrac{32}{48}$ 의 **기약분수**는 **최대공약수**로 나눈 ——— 입니다.

※ 먼저 최대공약수를 구하고, 최대공약수의 약수가 두 수의 약수가 됩니다.
이제 기약분수를 배웠으므로, 답을 기약분수로 적지 않으면 틀린 답이 됩니다. (계산이 끝난것이 아니므로…)

34 약분과 기약분수 (연습1)

 주어진 분수를 약분하여 나올 수 있는 가능한 모든 분수를 적고, 기약분수도 찾아 보세요.

01. 6과 18의 공약수는 □ , □ , □ , □ 입니다.

$\frac{6}{18}$ 을 약분하면 —— , —— , —— 이 되며,

$\frac{6}{18}$ 의 기약분수는 최대공약수로 나눈 —— 입니다.

05. 24와 30의 공약수는 _____ 입니다.

$\frac{24}{30}$ 를 약분하면 _____ 이 되며,

$\frac{24}{30}$ 의 기약분수는 최대공약수로 나눈 —— 입니다.

02. 12와 28의 공약수는 _____ 입니다.

$\frac{12}{28}$ 를 약분하면 _____ 이 되며,

$\frac{12}{28}$ 의 기약분수는 최대공약수로 나눈 —— 입니다.

06. 16과 36의 공약수는 _____ 입니다.

$\frac{16}{36}$ 을 약분하면 _____ 이 되며,

$\frac{16}{36}$ 의 기약분수는 최대공약수로 나눈 —— 입니다.

03. 20과 50의 공약수는 _____ 입니다.

$\frac{20}{50}$ 을 약분하면 _____ 이 되며,

$\frac{20}{50}$ 의 기약분수는 최대공약수로 나눈 —— 입니다.

07. 28과 48의 공약수는 _____ 입니다.

$\frac{28}{48}$ 을 약분하면 _____ 이 되며,

$\frac{28}{48}$ 의 기약분수는 최대공약수로 나눈 —— 입니다.

04. 18과 27의 공약수는 _____ 입니다.

$\frac{18}{27}$ 을 약분하면 _____ 이 되며,

$\frac{18}{27}$ 의 기약분수는 최대공약수로 나눈 —— 입니다.

08. 40과 88의 공약수는 _____ 입니다.

$\frac{40}{88}$ 을 약분하면 _____ 이 되며,

$\frac{40}{88}$ 의 기약분수는 최대공약수로 나눈 —— 입니다.

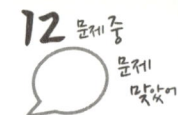
 주어진 분수의 기약분수를 적으세요.

01. 6, 9의 최대공약수 = ☐

$\dfrac{6}{9}$ 의 기약분수 = $\dfrac{6 \div \boxed{}}{9 \div \boxed{}}$ = ────

↑ 최대공약수

02. 12, 22의 최대공약수 = ☐

$\dfrac{12}{22}$ 의 기약분수 = $\dfrac{12 \div \boxed{}}{22 \div \boxed{}}$ = ────

03. 8, 12의 최대공약수 = ☐

$\dfrac{8}{12}$ 의 기약분수 = $\dfrac{8 \div \boxed{}}{12 \div \boxed{}}$ = ────

04. 21, 49의 최대공약수 = ☐

$\dfrac{21}{49}$ 의 기약분수 = $\dfrac{21 \div \boxed{}}{49 \div \boxed{}}$ = ────

05. 20, 32의 최대공약수 = ☐

$\dfrac{20}{32}$ 의 기약분수 = $\dfrac{20 \div \boxed{}}{32 \div \boxed{}}$ = ────

06. ↗ 최대공약수

$\dfrac{9}{15}$ 의 기약분수 = $\dfrac{9 \div \boxed{}}{15 \div \boxed{}}$ = ────

↘ 최대공약수

07. $\dfrac{20}{28}$ 의 기약분수 = $\dfrac{20 \div \boxed{}}{28 \div \boxed{}}$ = ────

08. $\dfrac{12}{36}$ 의 기약분수 = $\dfrac{12 \div \boxed{}}{36 \div \boxed{}}$ = ────

09. $\dfrac{32}{40}$ 의 기약분수 = $\dfrac{32 \div \boxed{}}{40 \div \boxed{}}$ = ────

10. $\dfrac{42}{54}$ 의 기약분수 = $\dfrac{42 \div \boxed{}}{54 \div \boxed{}}$ = ────

11. $\dfrac{30}{50}$ 의 기약분수 = $\dfrac{30 \div \boxed{}}{50 \div \boxed{}}$ = ────

12. $\dfrac{27}{33}$ 의 기약분수 = $\dfrac{27 \div \boxed{}}{33 \div \boxed{}}$ = ────

※ 분자와 분모의 최대공약수로 각각 나누면 기약분수를 만들 수 있습니다.

확인 (틀린 문제의 수를 적고, 약한 부분을 보충하세요.)

회차	틀린문제수
31 회	문제
32 회	문제
33 회	문제
34 회	문제
35 회	문제

생각해보기

앞에서 배운 5회차 내용이 모두 이해 되었나요?

1. 모두 이해되고 자신있다. → 다음 회로 넘어 갑니다.

2. 2~3문제 틀릴 수는 있겠지만 거의 이해한다.
   → 개념부분을 한번 더 읽고 다음 회로 넘어 갑니다.

3. 잘 모르는 것 같다.
   → 개념부분과 틀린문제를 한번 더 보고 다음 회로 넘어 갑니다.

틀린 문제가 있었다면 왜 틀렸을거라고 생각합니까?

1. 개념 설명이 어려워서 잘 모르겠다.   2. 다 아는데 실수한 것 같다.

3. 빨리 끝내고 싶어서 집중할 수가 없다.   4. 하기 싫어서....

오답노트 (앞에서 틀린 문제나 기억하고 싶은 문제를 적습니다.)

회	번
문제	풀이

회	번
문제	풀이

회	번
문제	풀이

회	번
문제	풀이

회	번
문제	풀이

36 약분과 기약분수 2

 소리내 읽기

분수에 바로 표시하면서 **약분**합니다.
╱ 로 지우고 나눈 **몫**을 적습니다.

$$\frac{12}{18} = \frac{6}{9} \qquad \frac{12}{18} = \frac{12 \div 2}{18 \div 2} = \frac{12}{18} = \frac{6}{9}$$

분자와 분모에 같은 수를 나눈 **몫**을 적습니다.

분수에 직접 표시하여 **약분**한 값이 더 약분 가능하면
끝까지 약분하여 **기약분수**를 만듭니다.

$$\frac{12}{18} = \frac{2}{3} \qquad \frac{12}{18} = \frac{12}{18} = \frac{6}{9} = \frac{2}{3}$$

기약
분수

소리내 풀기

주어진 분수를 약분하여 기약분수를 만드는 과정을 설명한 것입니다. ▨ 안에 알맞은 수를 적으세요.

01. $\dfrac{4}{8} = \dfrac{4 \div \boxed{}}{8 \div 4} = \dfrac{\boxed{}}{\boxed{}}$ ➡ $\dfrac{4}{8} = \dfrac{\boxed{}}{\boxed{}}$

06. $\dfrac{15}{35} = \dfrac{15 \div \boxed{}}{35 \div 5} = \dfrac{\boxed{}}{\boxed{}}$ ➡ $\dfrac{15}{35} = \dfrac{\boxed{}}{\boxed{}}$

02. $\dfrac{8}{24} = \dfrac{8 \div \boxed{}}{24 \div 8} = \dfrac{\boxed{}}{\boxed{}}$ ➡ $\dfrac{8}{24} = \dfrac{\boxed{}}{\boxed{}}$

07. $\dfrac{18}{30} = \dfrac{18 \div \boxed{}}{30 \div 6} = \dfrac{\boxed{}}{\boxed{}}$ ➡ $\dfrac{18}{30} = \dfrac{\boxed{}}{\boxed{}}$

03. $\dfrac{9}{12} = \dfrac{9 \div \boxed{}}{12 \div 3} = \dfrac{\boxed{}}{\boxed{}}$ ➡ $\dfrac{9}{12} = \dfrac{\boxed{}}{\boxed{}}$

08. $\dfrac{20}{36} = \dfrac{20 \div \boxed{}}{36 \div 4} = \dfrac{\boxed{}}{\boxed{}}$ ➡ $\dfrac{20}{36} = \dfrac{\boxed{}}{\boxed{}}$

04. $\dfrac{10}{50} = \dfrac{10 \div \boxed{}}{50 \div 10} = \dfrac{\boxed{}}{\boxed{}}$ ➡ $\dfrac{10}{50} = \dfrac{\boxed{}}{\boxed{}}$

09. $\dfrac{24}{32} = \dfrac{24 \div \boxed{}}{32 \div 8} = \dfrac{\boxed{}}{\boxed{}}$ ➡ $\dfrac{24}{32} = \dfrac{\boxed{}}{\boxed{}}$

05. $\dfrac{12}{18} = \dfrac{12 \div \boxed{}}{18 \div 6} = \dfrac{\boxed{}}{\boxed{}}$ ➡ $\dfrac{12}{18} = \dfrac{\boxed{}}{\boxed{}}$

10. $\dfrac{25}{40} = \dfrac{25 \div \boxed{}}{40 \div 5} = \dfrac{\boxed{}}{\boxed{}}$ ➡ $\dfrac{25}{40} = \dfrac{\boxed{}}{\boxed{}}$

※ 최대공약수로 나누면 한번에 기약분수로 나타낼 수 있습니다.
급할때는 2나 3과 같은 수로 나눠보고, 약분이 더 되면 계속 나누다 기약분수를 구할 수도 있습니다.

 소리내 풀기

주어진 분수를 약분한 것입니다.
빈칸 안에 알맞은 수를 적으세요.

01. $\dfrac{4}{16} = \dfrac{4 \div \boxed{}}{16 \div 4} = \dfrac{\boxed{}}{\boxed{}}$ ➡ $\dfrac{\cancel{4}}{\cancel{16}} = \dfrac{\boxed{}}{\boxed{}}$

02. $\dfrac{6}{24} = \dfrac{6 \div \boxed{}}{24 \div 6} = \dfrac{\boxed{}}{\boxed{}}$ ➡ $\dfrac{\cancel{6}}{\cancel{24}} = \dfrac{\boxed{}}{\boxed{}}$

03. $\dfrac{8}{20} = \dfrac{8 \div \boxed{}}{20 \div 4} = \dfrac{\boxed{}}{\boxed{}}$ ➡ $\dfrac{\cancel{8}}{\cancel{20}} = \dfrac{\boxed{}}{\boxed{}}$

04. $\dfrac{9}{27} = \dfrac{9 \div \boxed{}}{27 \div 9} = \dfrac{\boxed{}}{\boxed{}}$ ➡ $\dfrac{\cancel{9}}{\cancel{27}} = \dfrac{\boxed{}}{\boxed{}}$

05. $\dfrac{10}{25} = \dfrac{10 \div \boxed{}}{25 \div 5} = \dfrac{\boxed{}}{\boxed{}}$ ➡ $\dfrac{\cancel{10}}{\cancel{25}} = \dfrac{\boxed{}}{\boxed{}}$

06. $\dfrac{12}{20} = \dfrac{12 \div \boxed{}}{20 \div 4} = \dfrac{\boxed{}}{\boxed{}}$ ➡ $\dfrac{\cancel{12}}{\cancel{20}} = \dfrac{\boxed{}}{\boxed{}}$

 소리내 풀기

주어진 분수를 약분하여,
기약분수를 적으세요.

07. $\dfrac{15}{25} = \dfrac{\boxed{}}{\boxed{}}$

08. $\dfrac{16}{28} = \dfrac{\boxed{}}{\boxed{}}$

09. $\dfrac{18}{24} = \dfrac{\boxed{}}{\boxed{}}$

10. $\dfrac{20}{35} = \dfrac{\boxed{}}{\boxed{}}$

11. $\dfrac{21}{35} = \dfrac{\boxed{}}{\boxed{}}$

12. $\dfrac{24}{36} = \dfrac{\boxed{}}{\boxed{}}$

13. $\dfrac{25}{45} = \dfrac{\boxed{}}{\boxed{}}$

14. $\dfrac{30}{48} = \dfrac{\boxed{}}{\boxed{}}$

15. $\dfrac{32}{56} = \dfrac{\boxed{}}{\boxed{}}$

16. $\dfrac{35}{50} = \dfrac{\boxed{}}{\boxed{}}$

17. $\dfrac{35}{60} = \dfrac{\boxed{}}{\boxed{}}$

18. $\dfrac{40}{72} = \dfrac{\boxed{}}{\boxed{}}$

 소리내 풀기

주어진 분수를 약분하여, 기약분수로 나타내세요.

01. $\dfrac{4}{12}$ = ☐

02. $\dfrac{6}{12}$ = ☐

03. $\dfrac{8}{28}$ = ☐

04. $\dfrac{9}{24}$ = ☐

05. $\dfrac{10}{15}$ = ☐

06. $\dfrac{12}{15}$ = ☐

07. $\dfrac{15}{21}$ = ☐

08. $\dfrac{16}{40}$ = ☐

09. $\dfrac{18}{36}$ = ☐

10. $\dfrac{20}{60}$ = ☐

11. $\dfrac{21}{30}$ = ☐

12. $\dfrac{24}{40}$ = ☐

13. $\dfrac{25}{35}$ = ☐

14. $\dfrac{30}{45}$ = ☐

15. $\dfrac{32}{36}$ = ☐

16. $\dfrac{35}{56}$ = ☐

17. $\dfrac{40}{55}$ = ☐

18. $\dfrac{40}{60}$ = ☐

  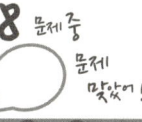
 주어진 분수를 약분하여, 기약분수로 나타내세요.

01. $\dfrac{2}{8} = \dfrac{\Box}{\Box}$

02. $\dfrac{4}{10} = \dfrac{\Box}{\Box}$

03. $\dfrac{8}{12} = \dfrac{\Box}{\Box}$

04. $\dfrac{6}{15} = \dfrac{\Box}{\Box}$

05. $\dfrac{7}{21} = \dfrac{\Box}{\Box}$

06. $\dfrac{21}{27} = \dfrac{\Box}{\Box}$

07. $\dfrac{16}{32} = \dfrac{\Box}{\Box}$

08. $\dfrac{30}{42} = \dfrac{\Box}{\Box}$

09. $\dfrac{10}{45} = \dfrac{\Box}{\Box}$

10. $\dfrac{20}{48} = \dfrac{\Box}{\Box}$

11. $\dfrac{12}{54} = \dfrac{\Box}{\Box}$

12. $\dfrac{28}{52} = \dfrac{\Box}{\Box}$

13. $\dfrac{33}{54} = \dfrac{\Box}{\Box}$

14. $\dfrac{36}{57} = \dfrac{\Box}{\Box}$

15. $\dfrac{18}{60} = \dfrac{\Box}{\Box}$

16. $\dfrac{33}{60} = \dfrac{\Box}{\Box}$

17. $\dfrac{14}{63} = \dfrac{\Box}{\Box}$

18. $\dfrac{24}{64} = \dfrac{\Box}{\Box}$

40 약분과 기약분수 (생각문제)

 소리내 읽기

문제) 우리반 학생 **30**명 중 안경낀 학생은 **12**명입니다. 안경쓴 학생의 비율을 기약분수로 나타내세요.

풀이) 우리반 학생수 = 30명   안경낀 학생수 = 12명

비율 = $\dfrac{\text{안경낀 학생수}}{\text{우리반 학생수}}$ 이므로 $\dfrac{12}{30}$ 이고,

이것의 기약분수는 $\dfrac{2}{5}$ 입니다.

식) $\dfrac{\text{안경낀 학생수}}{\text{우리반 학생수}}$ 답) $\dfrac{2}{5}$

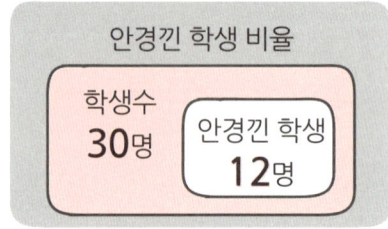

안경낀 학생 비율

| 학생수 30명 | 안경낀 학생 12명 |

아래의 문제를 풀어보세요.

01. 분모가 **56**인 진분수 중에서 약분하면 $\dfrac{5}{7}$ 이 되는 분수를 구하세요.

(식 2점)
(답 1점)

풀이)

식) _____   답) _____

02. 분모가 **8**인 진분수 중에서 기약분수를 구하려고 합니다. 분자가 되는 수는 모두 구하세요.

풀이) 기약분수는 분모 8과 약분되지 않아야 하므로,

8의 기약분수가 아닌 수가 분자가 되는 분수입니다.

답) _____

03. **156**쪽 짜리 수학책을 오늘까지 처음부터 **60**쪽 보았습니다. 남은 수학책의 양을 기약분수로 나타내 보세요.

(식 2점)
(답 1점)

풀이)

식) _____   답) _____ 쪽

04. 내가 문제를 만들어 풀어 봅니다. (약분과 기약분수)

(문제 2점)
(식 2점)
(답 1점)

풀이)

식) _____   답) _____

확인 (틀린 문제의 수를 적고, 약한 부분을 보충하세요.)

회차	틀린문제수
36 회	문제
37 회	문제
38 회	문제
39 회	문제
40 회	문제

생각해보기

앞에서 배운 5회차 내용이 모두 이해 되었나요?

1. 모두 이해되고 자신있다. → 다음 회로 넘어 갑니다.

2. 2~3문제 틀릴 수는 있겠지만 거의 이해한다.
   → 개념부분을 한번 더 읽고 다음 회로 넘어 갑니다.

3. 잘 모르는 것 같다.
   → 개념부분과 틀린문제를 한번 더 보고 다음 회로 넘어 갑니다.

틀린 문제가 있었다면 왜 틀렸을거라고 생각합니까?

1. 개념 설명이 어려워서 잘 모르겠다.   2. 다 아는데 실수한 것 같다.

3. 빨리 끝내고 싶어서 집중할 수가 없다.   4. 하기 싫어서....

오답노트 (앞에서 틀린 문제나 기억하고 싶은 문제를 적습니다.)

회	번
문제	풀이

회	번
문제	풀이

회	번
문제	풀이

회	번
문제	풀이

회	번
문제	풀이

41 통분

소리내 읽기

분수의 분모를 같게 하는 것을 **통분한다**고 하고, 통분한 분모를 **공통분모**라고 합니다.

방법 ① 크기가 같은 분수를 만들어 통분하기

$$\frac{1}{4} = \frac{2}{8} = \frac{3}{12} = \frac{4}{16} = \frac{5}{20} = \frac{6}{24} = \cdots$$

$$\frac{5}{6} = \frac{10}{12} = \frac{15}{18} = \frac{20}{24} = \frac{25}{30} = \cdots$$

$$\left(\frac{1}{4}, \frac{5}{6}\right) \rightarrow \left(\frac{3}{12}, \frac{10}{12}\right) \rightarrow \left(\frac{6}{24}, \frac{20}{24}\right), \cdots$$

※ 옆의 표와 같이 크기가 같은 분수를 나열하고,
그중 분모가 같은 분수끼리 짝지으면 공통분모를 가진 분수로 통분 됩니다.

소리내 풀기

크기가 같은 분수를 나열하고, 공통분모를 같은 분수끼리 짝짓는 방법으로 통분해 보세요.

01. $\frac{1}{2} = \frac{\Box}{4} = \frac{\Box}{6} = \frac{\Box}{8} = \frac{\Box}{10} = \frac{\Box}{12} = \cdots$

$\frac{2}{3} = \frac{\Box}{6} = \frac{\Box}{9} = \frac{\Box}{12} = \frac{\Box}{15} = \frac{\Box}{18} = \cdots$

$\left(\frac{1}{2}, \frac{2}{3}\right) \rightarrow \left(\frac{\Box}{6}, \frac{\Box}{6}\right) \rightarrow \left(\frac{\Box}{12}, \frac{\Box}{12}\right)$

02. $\frac{1}{2} = \frac{\Box}{4} = \frac{\Box}{6} = \frac{\Box}{8} = \frac{\Box}{10} = \frac{\Box}{12} = \cdots$

$\frac{1}{4} = \frac{\Box}{8} = \frac{\Box}{12} = \frac{\Box}{16} = \frac{\Box}{20} = \frac{\Box}{24} = \cdots$

$\left(\frac{1}{2}, \frac{1}{4}\right) \rightarrow \left(\frac{\Box}{4}, \frac{\Box}{4}\right) \rightarrow \left(\frac{\Box}{8}, \frac{\Box}{8}\right)$

03. $\left(\frac{1}{3}, \frac{3}{4}\right) \rightarrow \left(\frac{\Box}{12}, \frac{\Box}{12}\right) \rightarrow \left(\frac{\Box}{24}, \frac{\Box}{24}\right)$

04. $\left(\frac{3}{5}, \frac{3}{10}\right) \rightarrow \left(\frac{\Box}{10}, \frac{\Box}{\Box}\right) \rightarrow \left(\frac{\Box}{20}, \frac{\Box}{\Box}\right)$

05. $\left(\frac{1}{3}, \frac{5}{6}\right) \rightarrow \left(\frac{\Box}{6}, \frac{\Box}{\Box}\right) \rightarrow \left(\frac{\Box}{12}, \frac{\Box}{\Box}\right)$

06. $\left(\frac{1}{4}, \frac{3}{6}\right) \rightarrow \left(\frac{\Box}{12}, \frac{\Box}{\Box}\right) \rightarrow \left(\frac{\Box}{24}, \frac{\Box}{\Box}\right)$

07. $\left(\frac{2}{6}, \frac{4}{9}\right) = \left(\frac{\Box}{18}, \frac{\Box}{\Box}\right) = \left(\frac{\Box}{36}, \frac{\Box}{\Box}\right)$

08. $\left(\frac{1}{8}, \frac{5}{12}\right) = \left(\frac{\Box}{24}, \frac{\Box}{\Box}\right) = \left(\frac{\Box}{48}, \frac{\Box}{\Box}\right)$

※ 두 분수를 통분해도 값은 같습니다. 위의 문제에서 ➡ 으로 바꾼 분수는 값이 같으므로 = (등호)로 표시해도 됩니다.

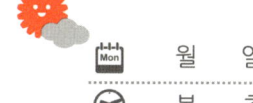
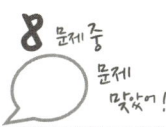

소리내 읽기

방법 ② 두 분수의 **분모의 곱**을 공통분모로 하여 통분하기

> ※ 분모와 분자에 옆 분수의 분모를 곱합니다.
>
> $\left(\dfrac{1}{4}, \dfrac{5}{6}\right)$ → 두 분모의 곱 : $4 \times 6 = 24$
>
> $\left(\dfrac{1}{4}, \dfrac{5}{6}\right)$ → $\left(\dfrac{1 \times 6}{4 \times 6}, \dfrac{5 \times 4}{6 \times 4}\right)$ → $\left(\dfrac{6}{24}, \dfrac{20}{24}\right)$

> ※ **분모의 곱**으로 통분하면
>
> → 쉽게 통분할 수 있습니다. (무조건 분모끼리 곱하므로..)
>
> → 분자와 분모가 큰 수가 나와 , 다음 계산이 복잡해지기 쉽다는 단점이 있습니다.

소리내 풀기

분모의 곱을 공통분모로 하여 통분하세요.

01. $\left(\dfrac{1}{2}, \dfrac{7}{8}\right)$ → 두 분모의 곱 : ☐

$\left(\dfrac{1}{2}, \dfrac{7}{8}\right)$ → $\left(\dfrac{1 \times \boxed{}}{2 \times \boxed{}}, \dfrac{7 \times \boxed{}}{8 \times \boxed{}}\right)$ → $\left(\dfrac{\boxed{}}{\boxed{}}, \dfrac{\boxed{}}{\boxed{}}\right)$

05. $\left(\dfrac{3}{8}, \dfrac{1}{6}\right)$ → 두 분모의 곱 : ☐

$\left(\dfrac{3}{8}, \dfrac{1}{6}\right)$ → $\left(\dfrac{3 \times \boxed{}}{8 \times \boxed{}}, \dfrac{1 \times \boxed{}}{6 \times \boxed{}}\right)$ → $\left(\dfrac{\boxed{}}{\boxed{}}, \dfrac{\boxed{}}{\boxed{}}\right)$

02. $\left(\dfrac{2}{3}, \dfrac{1}{5}\right)$ → 두 분모의 곱 : ☐

$\left(\dfrac{2}{3}, \dfrac{1}{5}\right)$ → $\left(\dfrac{2 \times \boxed{}}{3 \times \boxed{}}, \dfrac{1 \times \boxed{}}{5 \times \boxed{}}\right)$ → $\left(\dfrac{\boxed{}}{\boxed{}}, \dfrac{\boxed{}}{\boxed{}}\right)$

06. $\left(\dfrac{1}{3}, \dfrac{2}{9}\right)$ → 두 분모의 곱 : ☐

$\left(\dfrac{1}{3}, \dfrac{2}{9}\right)$ → $\left(\dfrac{1 \times \boxed{}}{3 \times \boxed{}}, \dfrac{2 \times \boxed{}}{9 \times \boxed{}}\right)$ → $\left(\dfrac{\boxed{}}{\boxed{}}, \dfrac{\boxed{}}{\boxed{}}\right)$

03. $\left(\dfrac{3}{4}, \dfrac{4}{7}\right)$ → 두 분모의 곱 : ☐

$\left(\dfrac{3}{4}, \dfrac{4}{7}\right)$ → $\left(\dfrac{3 \times \boxed{}}{4 \times \boxed{}}, \dfrac{4 \times \boxed{}}{7 \times \boxed{}}\right)$ → $\left(\dfrac{\boxed{}}{\boxed{}}, \dfrac{\boxed{}}{\boxed{}}\right)$

07. $\left(\dfrac{5}{7}, \dfrac{1}{3}\right)$ → 두 분모의 곱 : ☐

$\left(\dfrac{5}{7}, \dfrac{1}{3}\right)$ → $\left(\dfrac{5 \times \boxed{}}{7 \times \boxed{}}, \dfrac{1 \times \boxed{}}{3 \times \boxed{}}\right)$ → $\left(\dfrac{\boxed{}}{\boxed{}}, \dfrac{\boxed{}}{\boxed{}}\right)$

04. $\left(\dfrac{5}{6}, \dfrac{3}{4}\right)$ → 두 분모의 곱 : ☐

$\left(\dfrac{5}{6}, \dfrac{3}{4}\right)$ → $\left(\dfrac{5 \times \boxed{}}{6 \times \boxed{}}, \dfrac{3 \times \boxed{}}{4 \times \boxed{}}\right)$ → $\left(\dfrac{\boxed{}}{\boxed{}}, \dfrac{\boxed{}}{\boxed{}}\right)$

08. $\left(\dfrac{3}{8}, \dfrac{4}{5}\right)$ → 두 분모의 곱 : ☐

$\left(\dfrac{3}{8}, \dfrac{4}{5}\right)$ → $\left(\dfrac{3 \times \boxed{}}{8 \times \boxed{}}, \dfrac{4 \times \boxed{}}{5 \times \boxed{}}\right)$ → $\left(\dfrac{\boxed{}}{\boxed{}}, \dfrac{\boxed{}}{\boxed{}}\right)$

 분모의 곱을 공통분모로 하여 통분하세요.

01. $(\frac{5}{6}, \frac{1}{5})$ ➡ 두 분모의 곱 : ☐

$(\frac{5}{6}, \frac{1}{5})$ ➡ $(\frac{5 \times \square}{6 \times \square}, \frac{1 \times \square}{5 \times \square})$ ➡ $(\frac{\square}{\square}, \frac{\square}{\square})$

07. $(\frac{2}{3}, \frac{3}{7})$ ➡ 두 분모의 곱 : ☐

$(\frac{2}{3}, \frac{3}{7})$ ➡ $(\frac{2 \times \square}{3 \times \square}, \frac{3 \times \square}{7 \times \square})$ ➡ $(\frac{\square}{\square}, \frac{\square}{\square})$

02. $(\frac{1}{2}, \frac{1}{4})$ ➡ $(\frac{\square}{\square}, \frac{\square}{\square})$

08. $(\frac{3}{5}, \frac{1}{2})$ ➡ $(\frac{\square}{\square}, \frac{\square}{\square})$

03. $(\frac{2}{5}, \frac{3}{7})$ ➡ $(\frac{\square}{\square}, \frac{\square}{\square})$

09. $(\frac{1}{2}, \frac{1}{6})$ ➡ $(\frac{\square}{\square}, \frac{\square}{\square})$

04. $(\frac{2}{3}, \frac{5}{6})$ ➡ $(\frac{\square}{\square}, \frac{\square}{\square})$

10. $(\frac{2}{7}, \frac{7}{8})$ ➡ $(\frac{\square}{\square}, \frac{\square}{\square})$

05. $(\frac{3}{4}, \frac{1}{8})$ ➡ $(\frac{\square}{\square}, \frac{\square}{\square})$

11. $(\frac{2}{5}, \frac{4}{9})$ ➡ $(\frac{\square}{\square}, \frac{\square}{\square})$

06. $(\frac{4}{7}, \frac{1}{4})$ ➡ $(\frac{\square}{\square}, \frac{\square}{\square})$

12. $(\frac{5}{9}, \frac{1}{2})$ ➡ $(\frac{\square}{\square}, \frac{\square}{\square})$

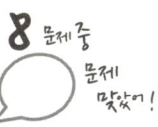

소리내 읽기

방법 ③ 분모의 **최소공배수**를 공통분모로 하여 통분하기

※ **분모**가 **최소공배수**로 같도록 곱해줍니다.

$\left(\dfrac{1}{4}, \dfrac{5}{6} \right)$ ➡ 두 분모의 최소공배수 : **12**

$\left(\dfrac{1}{4}, \dfrac{5}{6} \right)$ ➡ $\left(\dfrac{1 \times 3}{4 \times 3}, \dfrac{5 \times 2}{6 \times 2} \right)$ ➡ $\left(\dfrac{3}{12}, \dfrac{10}{12} \right)$

※ **분모의 최소공배수**로 통분하면

➡ 가장 작은 분수로 통분되어 다음 계산이 쉬워집니다.

➡ 두 분모의 최소공배수를 먼저 구해야 되는 계산 단계가 더 들어 갑니다.

소리내 풀기

분모의 최소공배수를 공통분모로 하여 통분하세요.

01. $\left(\dfrac{1}{2}, \dfrac{3}{4} \right)$ ➡ 두 분모의 최소공배수 : ☐

$\left(\dfrac{1}{2}, \dfrac{3}{4} \right)$ ➡ $\left(\dfrac{1 \times \square}{2 \times \square}, \dfrac{3 \times \square}{4 \times \square} \right)$ ➡ $\left(\dfrac{\square}{\square}, \dfrac{\square}{\square} \right)$

02. $\left(\dfrac{2}{3}, \dfrac{1}{6} \right)$ ➡ 두 분모의 최소공배수 : ☐

$\left(\dfrac{2}{3}, \dfrac{1}{6} \right)$ ➡ $\left(\dfrac{2 \times \square}{3 \times \square}, \dfrac{1 \times \square}{6 \times \square} \right)$ ➡ $\left(\dfrac{\square}{\square}, \dfrac{\square}{\square} \right)$

03. $\left(\dfrac{3}{4}, \dfrac{7}{8} \right)$ ➡ 두 분모의 최소공배수 : ☐

$\left(\dfrac{3}{4}, \dfrac{7}{8} \right)$ ➡ $\left(\dfrac{3 \times \square}{4 \times \square}, \dfrac{7 \times \square}{8 \times \square} \right)$ ➡ $\left(\dfrac{\square}{\square}, \dfrac{\square}{\square} \right)$

04. $\left(\dfrac{2}{5}, \dfrac{5}{7} \right)$ ➡ 두 분모의 최소공배수 : ☐

$\left(\dfrac{2}{5}, \dfrac{5}{7} \right)$ ➡ $\left(\dfrac{2 \times \square}{5 \times \square}, \dfrac{5 \times \square}{7 \times \square} \right)$ ➡ $\left(\dfrac{\square}{\square}, \dfrac{\square}{\square} \right)$

05. $\left(\dfrac{1}{6}, \dfrac{7}{9} \right)$ ➡ 두 분모의 최소공배수 : ☐

$\left(\dfrac{1}{6}, \dfrac{7}{9} \right)$ ➡ $\left(\dfrac{1 \times \square}{6 \times \square}, \dfrac{7 \times \square}{9 \times \square} \right)$ ➡ $\left(\dfrac{\square}{\square}, \dfrac{\square}{\square} \right)$

06. $\left(\dfrac{3}{4}, \dfrac{3}{10} \right)$ ➡ 두 분모의 최소공배수 : ☐

$\left(\dfrac{3}{4}, \dfrac{3}{10} \right)$ ➡ $\left(\dfrac{3 \times \square}{4 \times \square}, \dfrac{3 \times \square}{10 \times \square} \right)$ ➡ $\left(\dfrac{\square}{\square}, \dfrac{\square}{\square} \right)$

07. $\left(\dfrac{2}{9}, \dfrac{5}{12} \right)$ ➡ 두 분모의 최소공배수 : ☐

$\left(\dfrac{2}{9}, \dfrac{5}{12} \right)$ ➡ $\left(\dfrac{2 \times \square}{9 \times \square}, \dfrac{5 \times \square}{12 \times \square} \right)$ ➡ $\left(\dfrac{\square}{\square}, \dfrac{\square}{\square} \right)$

08. $\left(\dfrac{5}{6}, \dfrac{1}{8} \right)$ ➡ 두 분모의 최소공배수 : ☐

$\left(\dfrac{5}{6}, \dfrac{1}{8} \right)$ ➡ $\left(\dfrac{5 \times \square}{6 \times \square}, \dfrac{1 \times \square}{8 \times \square} \right)$ ➡ $\left(\dfrac{\square}{\square}, \dfrac{\square}{\square} \right)$

※ 두 수의 곱과 두 수의 최소공배수가 같을 수도 있겠죠^^

 소리내 풀기

분모의 최소공배수를 공통분모로 하여 통분하세요.

01. $(\frac{3}{4}, \frac{1}{6})$ ➡ 두 분모의 최소공배수 : ☐

$(\frac{3}{4}, \frac{1}{6})$ ➡ $(\frac{3 \times ☐}{4 \times ☐}, \frac{1 \times ☐}{6 \times ☐})$ ➡ $(\frac{☐}{☐}, \frac{☐}{☐})$

07. $(\frac{5}{6}, \frac{5}{9})$ ➡ 두 분모의 최소공배수 : ☐

$(\frac{5}{6}, \frac{5}{9})$ ➡ $(\frac{5 \times ☐}{6 \times ☐}, \frac{5 \times ☐}{9 \times ☐})$ ➡ $(\frac{☐}{☐}, \frac{☐}{☐})$

02. $(\frac{1}{2}, \frac{5}{6})$ ➡ $(\frac{☐}{☐}, \frac{☐}{☐})$

08. $(\frac{3}{4}, \frac{1}{8})$ ➡ $(\frac{☐}{☐}, \frac{☐}{☐})$

03. $(\frac{2}{3}, \frac{4}{9})$ ➡ $(\frac{☐}{☐}, \frac{☐}{☐})$

09. $(\frac{7}{8}, \frac{5}{12})$ ➡ $(\frac{☐}{☐}, \frac{☐}{☐})$

04. $(\frac{2}{5}, \frac{7}{15})$ ➡ $(\frac{☐}{☐}, \frac{☐}{☐})$

10. $(\frac{2}{9}, \frac{8}{15})$ ➡ $(\frac{☐}{☐}, \frac{☐}{☐})$

05. $(\frac{1}{6}, \frac{3}{8})$ ➡ $(\frac{☐}{☐}, \frac{☐}{☐})$

11. $(\frac{4}{5}, \frac{9}{10})$ ➡ $(\frac{☐}{☐}, \frac{☐}{☐})$

06. $(\frac{4}{9}, \frac{5}{12})$ ➡ $(\frac{☐}{☐}, \frac{☐}{☐})$

12. $(\frac{1}{6}, \frac{11}{14})$ ➡ $(\frac{☐}{☐}, \frac{☐}{☐})$

확인 (틀린 문제의 수를 적고, 약한 부분을 보충하세요.)

회차	틀린문제수
41 회	문제
42 회	문제
43 회	문제
44 회	문제
45 회	문제

오답노트 (앞에서 틀린 문제나 기억하고 싶은 문제를 적습니다.)

회	번
문제	풀이

회	번
문제	풀이

회	번
문제	풀이

회	번
문제	풀이

회	번
문제	풀이

생각해보기

앞에서 배운 5회차 내용이 모두 이해 되었나요?

1. 모두 이해되고 자신있다. → 다음 회로 넘어 갑니다.

2. 2~3문제 틀릴 수는 있겠지만 거의 이해한다.
   → 개념부분을 한번 더 읽고 다음 회로 넘어 갑니다.

3. 잘 모르는 것 같다.
   → 개념부분과 틀린문제를 한번 더 보고 다음 회로 넘어 갑니다.

틀린 문제가 있었다면 왜 틀렸을거라고 생각합니까?

1. 개념 설명이 어려워서 잘 모르겠다.   2. 다 아는데 실수한 것 같다.

3. 빨리 끝내고 싶어서 집중할 수가 없다.   4. 하기 싫어서....

 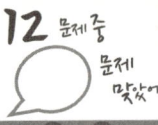

 분모를 서로 곱하는 방법으로 통분하세요.

01. $(\dfrac{2}{3}, \dfrac{3}{4})$ ➡ 두 분모의 곱 : ☐

$(\dfrac{2}{3}, \dfrac{3}{4})$ ➡ $(\dfrac{2 \times ☐}{3 \times ☐}, \dfrac{3 \times ☐}{4 \times ☐})$ ➡ $(\dfrac{☐}{☐}, \dfrac{☐}{☐})$

02. $(\dfrac{1}{2}, \dfrac{5}{6})$ ➡ $(\dfrac{☐}{☐}, \dfrac{☐}{☐})$

03. $(\dfrac{3}{5}, \dfrac{7}{8})$ ➡ $(\dfrac{☐}{☐}, \dfrac{☐}{☐})$

04. $(\dfrac{1}{4}, \dfrac{2}{9})$ ➡ $(\dfrac{☐}{☐}, \dfrac{☐}{☐})$

05. $(\dfrac{1}{6}, \dfrac{3}{8})$ ➡ $(\dfrac{☐}{☐}, \dfrac{☐}{☐})$

06. $(\dfrac{4}{5}, \dfrac{4}{7})$ ➡ $(\dfrac{☐}{☐}, \dfrac{☐}{☐})$

 분모의 최소공배수를 공통분모로 하여 통분하세요.

07. $(\dfrac{2}{3}, \dfrac{3}{9})$ ➡ 두 분모의 최소공배수 : ☐

$(\dfrac{2}{3}, \dfrac{3}{9})$ ➡ $(\dfrac{2 \times ☐}{3 \times ☐}, \dfrac{3 \times ☐}{9 \times ☐})$ ➡ $(\dfrac{☐}{☐}, \dfrac{☐}{☐})$

08. $(\dfrac{5}{6}, \dfrac{1}{12})$ ➡ $(\dfrac{☐}{☐}, \dfrac{☐}{☐})$

09. $(\dfrac{3}{5}, \dfrac{1}{15})$ ➡ $(\dfrac{☐}{☐}, \dfrac{☐}{☐})$

10. $(\dfrac{5}{7}, \dfrac{10}{21})$ ➡ $(\dfrac{☐}{☐}, \dfrac{☐}{☐})$

11. $(\dfrac{3}{4}, \dfrac{5}{6})$ ➡ $(\dfrac{☐}{☐}, \dfrac{☐}{☐})$

12. $(\dfrac{5}{6}, \dfrac{3}{14})$ ➡ $(\dfrac{☐}{☐}, \dfrac{☐}{☐})$

47 분모가 다른 분수의 크기

 통분 하여 **분모를** 같게 한 다음 **분자의 크기**를 비교합니다.

※ **통분하여 찾고, 답은 원래 분수를 적습니다.**

$$\left(\frac{1}{4}, \frac{5}{6}\right) \xrightarrow{통분} \left(\frac{3}{12}, \frac{10}{12}\right) \xrightarrow{비교} \frac{1}{4} < \frac{5}{6}$$

더 큰 분수: $\frac{5}{6}$

※ **분모가 같은 분수**는 분자의 크기 더 큰 분수가 더 큽니다.

➡ 분모가 다른 분수의 크기는 직접 비교할 수 없으므로 통분하여 분모를 같이 한 다음 크기를 비교합니다.

 최소공배수를 공통분모로 하는 방법으로 통분하고, 두 분수의 크기를 비교 하세요.

01. $\left(\frac{5}{6}, \frac{7}{9}\right) \Rightarrow \left(\frac{}{}, \frac{}{}\right)$ ∴ $\frac{5}{6} \bigcirc \frac{7}{9}$

05. $\left(\frac{2}{5}, \frac{3}{10}\right) \Rightarrow \left(\frac{}{}, \frac{}{}\right)$ ∴ $\frac{2}{5} \bigcirc \frac{3}{10}$

02. $\left(\frac{3}{4}, \frac{5}{8}\right) \Rightarrow \left(\frac{}{}, \frac{}{}\right)$ ∴ $\frac{3}{4} \bigcirc \frac{5}{8}$

06. $\left(\frac{1}{2}, \frac{1}{6}\right) \Rightarrow \left(\frac{}{}, \frac{}{}\right)$ ∴ $\frac{1}{2} \bigcirc \frac{1}{6}$

03. $\left(\frac{3}{8}, \frac{5}{12}\right) \Rightarrow \left(\frac{}{}, \frac{}{}\right)$ ∴ $\frac{3}{8} \bigcirc \frac{5}{12}$

07. $\left(\frac{2}{3}, \frac{7}{9}\right) \Rightarrow \left(\frac{}{}, \frac{}{}\right)$ ∴ $\frac{2}{3} \bigcirc \frac{7}{9}$

04. $\left(\frac{2}{9}, \frac{4}{15}\right) \Rightarrow \left(\frac{}{}, \frac{}{}\right)$ ∴ $\frac{2}{9} \bigcirc \frac{4}{15}$

08. $\left(\frac{5}{7}, \frac{9}{14}\right) \Rightarrow \left(\frac{}{}, \frac{}{}\right)$ ∴ $\frac{5}{7} \bigcirc \frac{9}{14}$

 소리내 풀기 분모를 서로 곱하는 방법으로 통분하고, 두 분수의 크기를 비교하세요.

 소리내 풀기 분모의 최소공배수를 공통분모로 하여 통분하고, 두 분수의 크기를 비교하세요.

01. $\left(\dfrac{3}{4}, \dfrac{5}{6}\right)$ ➡ $\left(\dfrac{}{}, \dfrac{}{}\right)$　∴ $\dfrac{3}{4}\bigcirc\dfrac{5}{6}$

07. $\left(\dfrac{1}{2}, \dfrac{5}{6}\right)$ ➡ $\left(\dfrac{}{}, \dfrac{}{}\right)$　∴ $\dfrac{1}{2}\bigcirc\dfrac{5}{6}$

02. $\left(\dfrac{1}{2}, \dfrac{4}{9}\right)$ ➡ $\left(\dfrac{}{}, \dfrac{}{}\right)$　∴ $\dfrac{1}{2}\bigcirc\dfrac{4}{9}$

08. $\left(\dfrac{2}{3}, \dfrac{5}{9}\right)$ ➡ $\left(\dfrac{}{}, \dfrac{}{}\right)$　∴ $\dfrac{2}{3}\bigcirc\dfrac{5}{9}$

03. $\left(\dfrac{5}{6}, \dfrac{6}{7}\right)$ ➡ $\left(\dfrac{}{}, \dfrac{}{}\right)$　∴ $\dfrac{5}{6}\bigcirc\dfrac{6}{7}$

09. $\left(\dfrac{1}{4}, \dfrac{5}{12}\right)$ ➡ $\left(\dfrac{}{}, \dfrac{}{}\right)$　∴ $\dfrac{1}{4}\bigcirc\dfrac{5}{12}$

04. $\left(\dfrac{3}{8}, \dfrac{4}{10}\right)$ ➡ $\left(\dfrac{}{}, \dfrac{}{}\right)$　∴ $\dfrac{3}{8}\bigcirc\dfrac{4}{10}$

10. $\left(\dfrac{1}{6}, \dfrac{2}{15}\right)$ ➡ $\left(\dfrac{}{}, \dfrac{}{}\right)$　∴ $\dfrac{1}{6}\bigcirc\dfrac{2}{15}$

05. $\left(\dfrac{7}{10}, \dfrac{8}{12}\right)$ ➡ $\left(\dfrac{}{}, \dfrac{}{}\right)$　∴ $\dfrac{7}{10}\bigcirc\dfrac{8}{12}$

11. $\left(\dfrac{3}{10}, \dfrac{2}{15}\right)$ ➡ $\left(\dfrac{}{}, \dfrac{}{}\right)$　∴ $\dfrac{3}{10}\bigcirc\dfrac{2}{15}$

06. $\left(\dfrac{5}{12}, \dfrac{7}{15}\right)$ ➡ $\left(\dfrac{}{}, \dfrac{}{}\right)$　∴ $\dfrac{5}{12}\bigcirc\dfrac{7}{15}$

12. $\left(\dfrac{11}{12}, \dfrac{13}{16}\right)$ ➡ $\left(\dfrac{}{}, \dfrac{}{}\right)$　∴ $\dfrac{11}{12}\bigcirc\dfrac{13}{16}$

이어서 나는 ___ 을(를) 공부/연습할거야!

 분모를 서로 곱하는 방법으로 통분하고, 두 분수의 크기를 비교하세요.

 분모의 최소공배수를 공통분모로 하여 통분하고, 두 분수의 크기를 비교하세요.

01. $\left(\dfrac{1}{2}, \dfrac{1}{4}\right)$ → (___ , ___) ∴ $\dfrac{1}{2}$ ◯ $\dfrac{1}{4}$

07. $\left(\dfrac{3}{4}, \dfrac{7}{12}\right)$ → (___ , ___) ∴ $\dfrac{3}{4}$ ◯ $\dfrac{7}{12}$

02. $\left(\dfrac{1}{3}, \dfrac{1}{6}\right)$ → (___ , ___) ∴ $\dfrac{1}{3}$ ◯ $\dfrac{1}{6}$

08. $\left(\dfrac{2}{6}, \dfrac{3}{8}\right)$ → (___ , ___) ∴ $\dfrac{2}{6}$ ◯ $\dfrac{3}{8}$

03. $\left(\dfrac{3}{4}, \dfrac{4}{5}\right)$ → (___ , ___) ∴ $\dfrac{3}{4}$ ◯ $\dfrac{4}{5}$

09. $\left(\dfrac{3}{8}, \dfrac{4}{10}\right)$ → (___ , ___) ∴ $\dfrac{3}{8}$ ◯ $\dfrac{4}{10}$

04. $\left(\dfrac{2}{5}, \dfrac{5}{9}\right)$ → (___ , ___) ∴ $\dfrac{2}{5}$ ◯ $\dfrac{5}{9}$

10. $\left(\dfrac{3}{10}, \dfrac{4}{15}\right)$ → (___ , ___) ∴ $\dfrac{3}{10}$ ◯ $\dfrac{4}{15}$

05. $\left(\dfrac{5}{6}, \dfrac{7}{10}\right)$ → (___ , ___) ∴ $\dfrac{5}{6}$ ◯ $\dfrac{7}{10}$

11. $\left(\dfrac{5}{12}, \dfrac{7}{16}\right)$ → (___ , ___) ∴ $\dfrac{5}{12}$ ◯ $\dfrac{7}{16}$

06. $\left(\dfrac{3}{8}, \dfrac{5}{12}\right)$ → (___ , ___) ∴ $\dfrac{3}{8}$ ◯ $\dfrac{5}{12}$

12. $\left(\dfrac{4}{9}, \dfrac{11}{21}\right)$ → (___ , ___) ∴ $\dfrac{4}{9}$ ◯ $\dfrac{11}{21}$

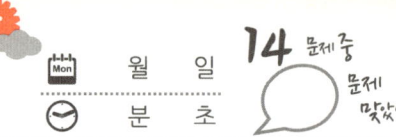

 문제) 집에서 초등학교까지 $\frac{2}{3}$ km이고, 집에서 중학교까지 $\frac{7}{12}$ km입니다. 초등학교와 중학교 중 어디가 더 가까울까요?

풀이) 초등학교까지 거리 = $\frac{2}{3}$ km, 중학교까지 거리 = $\frac{7}{12}$ km

통분하면 초등학교 = $\frac{8}{12}$ km, 중학교까지 거리 = $\frac{7}{12}$ km

이므로, 중학교까지의 거리가 더 가깝습니다.

답) **중학교**까지의 거리

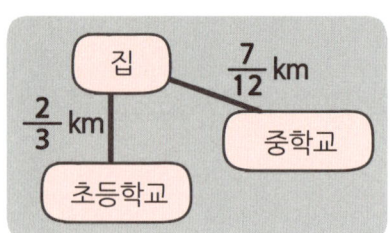

 아래의 문제를 풀어보세요.

01. 주영이는 피자 한 판의 $\frac{2}{5}$ 를 먹었고, 미현이는 $\frac{3}{8}$ 을 먹었습니다. 누가 더 많이 먹었을까요?

(식 2점) (답 1점)

풀이)

답) _____

02. 어머니께서 사탕 1봉지를 사서 동생에게 $\frac{1}{6}$ 을 주었고, 나에게 $\frac{1}{4}$ 을 주셨습니다. 누구에게 더 많이 주었을까요?

(식 2점) (답 1점)

풀이)

답) _____

03. 민희의 몸무게는 $26\frac{2}{5}$ kg이고, 지민이는 $26\frac{4}{15}$ kg입니다. 누가 더 가벼울까요?

(식 2점) (답 1점)

풀이)

식) _____ 답) _____

04. 내가 문제를 만들어 풀어 봅니다. (통분)

(문제 2점) (식 2점) (답 1점)

풀이)

식) _____ 답) _____

회차	틀린문제수
46 회	문제
47 회	문제
48 회	문제
49 회	문제
50 회	문제

오답노트 (앞에서 틀린 문제나 기억하고 싶은 문제를 적습니다.)

회	번
문제	풀이

회	번
문제	풀이

회	번
문제	풀이

회	번
문제	풀이

회	번
문제	풀이

생각해보기

앞에서 배운 5회차 내용이 모두 이해 되었나요?

1. 모두 이해되고 자신있다.   → 다음 회로 넘어 갑니다.

2. 2~3문제 틀릴 수는 있겠지만 거의 이해한다.
    → 개념부분을 한번 더 읽고 다음 회로 넘어 갑니다.

3. 잘 모르는 것 같다.
    → 개념부분과 틀린문제를 한번 더 보고 다음 회로 넘어 갑니다.

틀린 문제가 있었다면 왜 틀렸을거라고 생각합니까?

1. 개념 설명이 어려워서 잘 모르겠다.   2. 다 아는데 실수한 것 같다.

3. 빨리 끝내고 싶어서 집중할 수가 없다.   4. 하기 싫어서.....

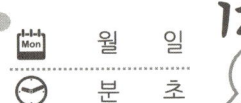
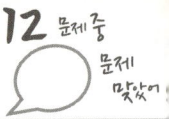

월 일
분 초

12 문제 중
문제 맞았어

 소리내 풀기   분모를 서로 곱하는 방법으로 통분하세요.

01. $\left(\dfrac{1}{2}, \dfrac{4}{7}\right)$ ➡ 두 분모의 곱 : ☐

$\left(\dfrac{1}{2}, \dfrac{4}{7}\right)$ ➡ $\left(\dfrac{1 \times \boxed{}}{2 \times \boxed{}}, \dfrac{4 \times \boxed{}}{7 \times \boxed{}}\right)$ ➡ $\left(\dfrac{\boxed{}}{\boxed{}}, \dfrac{\boxed{}}{\boxed{}}\right)$

02. $\left(\dfrac{2}{3}, \dfrac{2}{5}\right)$ ➡ $\left(\dfrac{\boxed{}}{\boxed{}}, \dfrac{\boxed{}}{\boxed{}}\right)$

03. $\left(\dfrac{3}{4}, \dfrac{5}{8}\right)$ ➡ $\left(\dfrac{\boxed{}}{\boxed{}}, \dfrac{\boxed{}}{\boxed{}}\right)$

04. $\left(\dfrac{4}{5}, \dfrac{1}{6}\right)$ ➡ $\left(\dfrac{\boxed{}}{\boxed{}}, \dfrac{\boxed{}}{\boxed{}}\right)$

05. $\left(\dfrac{5}{6}, \dfrac{3}{9}\right)$ ➡ $\left(\dfrac{\boxed{}}{\boxed{}}, \dfrac{\boxed{}}{\boxed{}}\right)$

06. $\left(\dfrac{4}{7}, \dfrac{7}{10}\right)$ ➡ $\left(\dfrac{\boxed{}}{\boxed{}}, \dfrac{\boxed{}}{\boxed{}}\right)$

 소리내 풀기   분모의 최소공배수를 공통분모로 하여 통분하세요.

07. $\left(\dfrac{1}{3}, \dfrac{5}{6}\right)$ ➡ 두 분모의 최소공배수 : ☐

$\left(\dfrac{1}{3}, \dfrac{5}{6}\right)$ ➡ $\left(\dfrac{1 \times \boxed{}}{3 \times \boxed{}}, \dfrac{5 \times \boxed{}}{6 \times \boxed{}}\right)$ ➡ $\left(\dfrac{\boxed{}}{\boxed{}}, \dfrac{\boxed{}}{\boxed{}}\right)$

08. $\left(\dfrac{1}{4}, \dfrac{3}{10}\right)$ ➡ $\left(\dfrac{\boxed{}}{\boxed{}}, \dfrac{\boxed{}}{\boxed{}}\right)$

09. $\left(\dfrac{3}{5}, \dfrac{7}{9}\right)$ ➡ $\left(\dfrac{\boxed{}}{\boxed{}}, \dfrac{\boxed{}}{\boxed{}}\right)$

10. $\left(\dfrac{5}{8}, \dfrac{5}{14}\right)$ ➡ $\left(\dfrac{\boxed{}}{\boxed{}}, \dfrac{\boxed{}}{\boxed{}}\right)$

11. $\left(\dfrac{4}{9}, \dfrac{7}{12}\right)$ ➡ $\left(\dfrac{\boxed{}}{\boxed{}}, \dfrac{\boxed{}}{\boxed{}}\right)$

12. $\left(\dfrac{9}{10}, \dfrac{14}{25}\right)$ ➡ $\left(\dfrac{\boxed{}}{\boxed{}}, \dfrac{\boxed{}}{\boxed{}}\right)$

52 통분하기 (연습2)

 분모를 서로 곱하는 방법으로 통분하세요.

01. $\left(\frac{1}{2}, \frac{1}{8}\right)$ ➡ 두 분모의 곱 : ☐

$\left(\frac{1}{2}, \frac{1}{8}\right)$ ➡ $\left(\frac{1 \times ☐}{2 \times ☐}, \frac{1 \times ☐}{8 \times ☐}\right)$ ➡ $\left(\frac{☐}{☐}, \frac{☐}{☐}\right)$

02. $\left(\frac{1}{3}, \frac{1}{7}\right)$ ➡ $\left(\frac{☐}{☐}, \frac{☐}{☐}\right)$

03. $\left(\frac{2}{4}, \frac{3}{10}\right)$ ➡ $\left(\frac{☐}{☐}, \frac{☐}{☐}\right)$

04. $\left(\frac{2}{5}, \frac{5}{12}\right)$ ➡ $\left(\frac{☐}{☐}, \frac{☐}{☐}\right)$

05. $\left(\frac{3}{6}, \frac{1}{11}\right)$ ➡ $\left(\frac{☐}{☐}, \frac{☐}{☐}\right)$

06. $\left(\frac{4}{7}, \frac{1}{9}\right)$ ➡ $\left(\frac{☐}{☐}, \frac{☐}{☐}\right)$

 분모의 최소공배수를 공통분모로 하여 통분하세요.

07. $\left(\frac{2}{4}, \frac{3}{14}\right)$ ➡ 두 분모의 최소공배수 : ☐

$\left(\frac{2}{4}, \frac{3}{14}\right)$ ➡ $\left(\frac{2 \times ☐}{4 \times ☐}, \frac{3 \times ☐}{14 \times ☐}\right)$ ➡ $\left(\frac{☐}{☐}, \frac{☐}{☐}\right)$

08. $\left(\frac{3}{6}, \frac{1}{15}\right)$ ➡ $\left(\frac{☐}{☐}, \frac{☐}{☐}\right)$

09. $\left(\frac{1}{8}, \frac{1}{18}\right)$ ➡ $\left(\frac{☐}{☐}, \frac{☐}{☐}\right)$

10. $\left(\frac{2}{9}, \frac{7}{24}\right)$ ➡ $\left(\frac{☐}{☐}, \frac{☐}{☐}\right)$

11. $\left(\frac{2}{10}, \frac{4}{16}\right)$ ➡ $\left(\frac{☐}{☐}, \frac{☐}{☐}\right)$

12. $\left(\frac{5}{12}, \frac{1}{18}\right)$ ➡ $\left(\frac{☐}{☐}, \frac{☐}{☐}\right)$

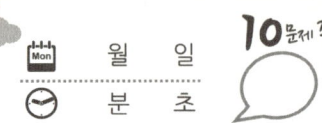

53 통분하기 (연습3)

 분모를 서로 곱하는 방법과 분모의 최소공배수를 공통분모로 하여 통분하세요.

01.
두 분모의 곱 두 분모의 최소공배수
$(\frac{1}{2}, \frac{3}{4}) \rightarrow (\frac{}{}, \frac{}{})\ (\frac{}{}, \frac{}{})$

02.
두 분모의 곱 두 분모의 최소공배수
$(\frac{2}{3}, \frac{3}{5}) \rightarrow (\frac{}{}, \frac{}{})\ (\frac{}{}, \frac{}{})$

03.
두 분모의 곱 두 분모의 최소공배수
$(\frac{3}{4}, \frac{5}{6}) \rightarrow (\frac{}{}, \frac{}{})\ (\frac{}{}, \frac{}{})$

04.
두 분모의 곱 두 분모의 최소공배수
$(\frac{2}{5}, \frac{7}{9}) \rightarrow (\frac{}{}, \frac{}{})\ (\frac{}{}, \frac{}{})$

05.
두 분모의 곱 두 분모의 최소공배수
$(\frac{1}{6}, \frac{3}{8}) \rightarrow (\frac{}{}, \frac{}{})\ (\frac{}{}, \frac{}{})$

06.
두 분모의 곱 두 분모의 최소공배수
$(\frac{5}{8}, \frac{7}{10}) \rightarrow (\frac{}{}, \frac{}{})\ (\frac{}{}, \frac{}{})$

07.
두 분모의 곱 두 분모의 최소공배수
$(\frac{2}{9}, \frac{8}{15}) \rightarrow (\frac{}{}, \frac{}{})\ (\frac{}{}, \frac{}{})$

08.
두 분모의 곱 두 분모의 최소공배수
$(\frac{9}{10}, \frac{5}{12}) \rightarrow (\frac{}{}, \frac{}{})\ (\frac{}{}, \frac{}{})$

09.
두 분모의 곱 두 분모의 최소공배수
$(\frac{7}{12}, \frac{3}{14}) \rightarrow (\frac{}{}, \frac{}{})\ (\frac{}{}, \frac{}{})$

10.
두 분모의 곱 두 분모의 최소공배수
$(\frac{2}{15}, \frac{11}{18}) \rightarrow (\frac{}{}, \frac{}{})\ (\frac{}{}, \frac{}{})$

※ 두 분모의 곱으로 계산하는 것이 수는 커지지만 일반적으로는 쉽습니다.
두 분모를 보고 쉽게 최소공배수를 구할 수 있을 것같으면 최소공배수를 구하여 통분하도록 합니다.

소리내
읽기

직육면체에서 평행한 면

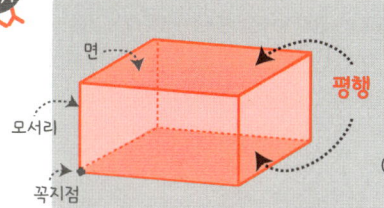

① 직육면체에서 서로 마주 보고 있는 면은 **평행**합니다.

② 서로 평행한 면은 **3쌍**입니다.

직육면체에서 수직인 면

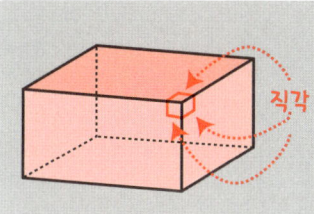

① 직육면체에서 한 꼭지점을 중심으로 만나는 3 면은 모두 **직각(90°)**입니다.

② 서로 만나는 면은 **수직**입니다.

③ 한면과 수직인 면은 모두 **4개**입니다.

직육면체의 전개도 (모서리를 잘라 펼쳐 놓은 그림)

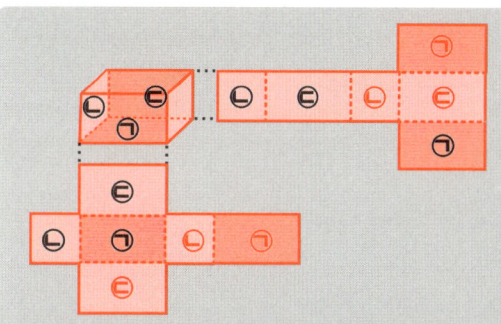

① 어떤 면을 밑에 놓을지, 어떻게 자를 지 **정합니다.**

② 잘리지 않은 모서리는 **점선**, 잘린 모서리는 **실선**으로 그립니다.

③ 서로 마주 보는 면은 모양과 크기가 **같도록** 그립니다.

④ 접었을때 서로 평행인 변의 길이는 **같게** 그립니다.

⑤ 모양과 크기가 같은 면이 **3쌍**인지, 겹치는 면은 없는지 확인합니다.

⑥ 전개도는 **여러가지 모양**으로 그릴 수 있습니다.

소리내
풀기

아래는 **직육면체의 성질**을 이야기 한 것입니다. 빈 칸에 알맞은 글을 적으세요. (다 푼후 2번 읽어 봅니다.)

01. 라면박스, 필통과 같이 **직사각형 6개**로 둘러 쌓인 도형을

직육면체라고 하고, 직육면체는 마주보고 있는 **면**이 모두

[ ] 합니다. 그러므로 직육면체에서 평행한 면은 모두
평행/직각

[ ] 쌍 입니다.

02. **직육면체**는 꼭지점이 [ ] 개 있습니다.

직육면체에서 한 꼭지점을 중심으로 만나는 면은 [ ] 개이고

이 면들은 모두 [ ] 입니다.
평행/직각

직육면체의 한개의 면에는 수직으로 연결된 면 [ ] 개가

붙어 있습니다.

소리내
풀기

아래는 **직육면체의 전개도**를 이야기 한 것입니다. 빈 칸에 알맞은 글을 적으세요. (다 푼후 2번 읽어 봅니다.)

03. 어떤 도형의 모서리를 잘라 펼쳐 놓은 것을 [ ] 라 하고,

잘리는 모서리는 [ ] 선으로 표시하고, 잘리지 않는 모서리는
실 / 점

[ ] 선으로 표시합니다. 전개도는 어떻게 자르냐에 따라
실 / 점

모양이 [ ] 로 나올 수 있습니다.
여러가지 / 한가지

04. **직육면체**의 전개도를 그릴때 마주 보는 면은 모양과 크기를
같 / 다르

[ ] 도록 그리고, 접었을 때 만나거나 평행인 변의 길이는

[ ] 게 그립니다.
같 / 다르

직육면체는 모양과 크기가 같은 면 **3 쌍**이 모인 도형입니다.

직육면체의 전개도도 모양과 크기가 같은 면이 [ ] 쌍

있어야 합니다.

아래는 **직육면체**의 **성질**을 이해하고, 빈 칸에 알맞은 수를 적으세요.

01.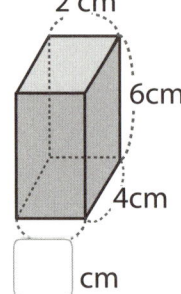
2 cm
6cm
4cm
◻ cm

02.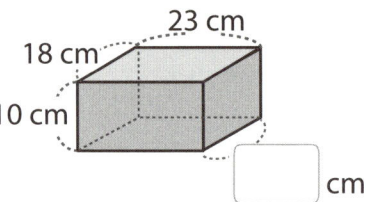
23 cm
18 cm
10 cm
◻ cm

03.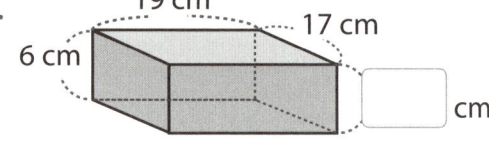
19 cm
17 cm
6 cm
◻ cm

04.
◻ cm
58 cm
60 cm
61 cm
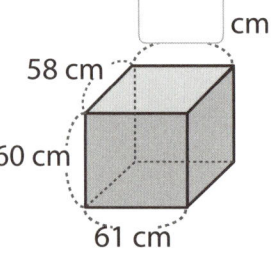

05.
◻ cm
120 cm
59 cm
68 cm
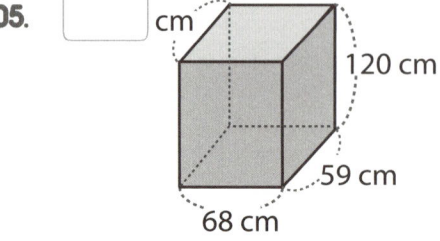

아래 **직육면체**의 **전개도**를 그려보세요.

전개도를 그릴때는 한면을 정확히 먼저 그리고, 옆면과 윗면을 생각해서 그려보세요.
마지막으로 실선과 점선으로 자르는 선과 접는 선을 구분 해 주도록 합니다.

06.
3 cm
2 cm
1 cm
1 cm
1 cm
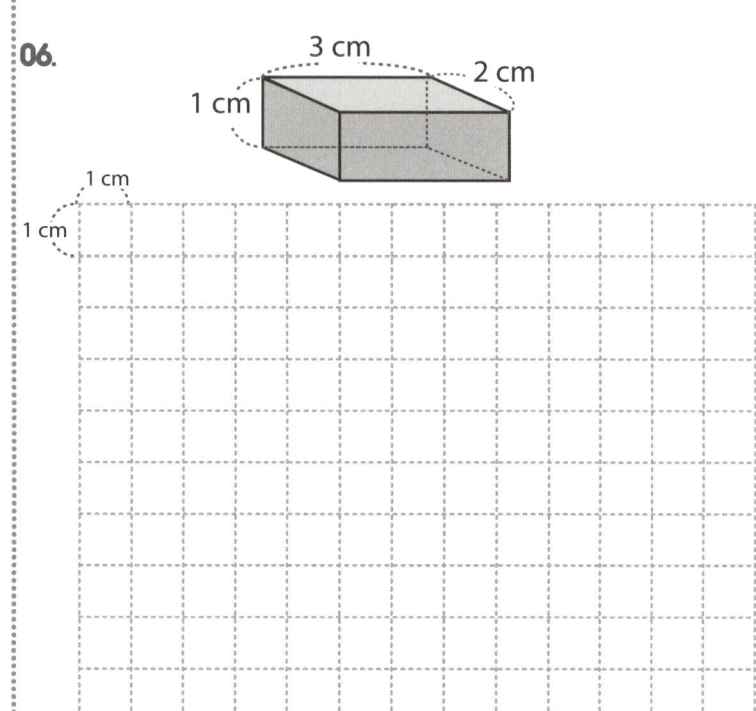

07.
4 cm
3 cm
2 cm
1 cm
1 cm
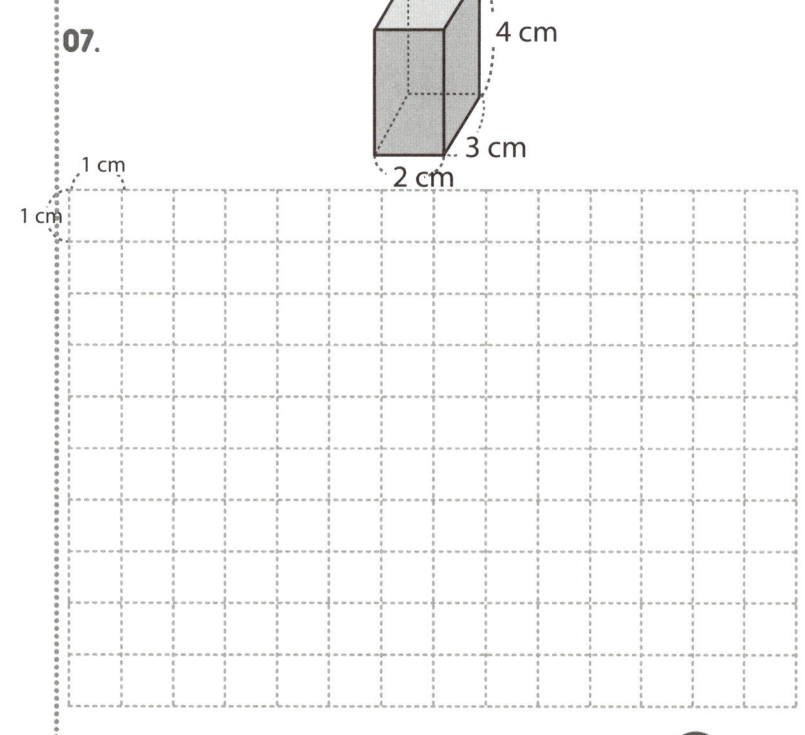

칸이 모자라면 더 연장해서 그려도 됩니다.

확인 (틀린 문제의 수를 적고, 약한 부분을 보충하세요.)

회차	틀린문제수
51 회	문제
52 회	문제
53 회	문제
54 회	문제
55 회	문제

생각해보기

앞에서 배운 5회차 내용이 모두 이해 되었나요?

1. 모두 이해되고 자신있다. → 다음 회로 넘어 갑니다.

2. 2~3문제 틀릴 수는 있겠지만 거의 이해한다.
   → 개념부분을 한번 더 읽고 다음 회로 넘어 갑니다.

3. 잘 모르는 것 같다.
   → 개념부분과 틀린문제를 한번 더 보고 다음 회로 넘어 갑니다.

틀린 문제가 있었다면 왜 틀렸을거라고 생각합니까?

1. 개념 설명이 어려워서 잘 모르겠다.   2. 다 아는데 실수한 것 같다.

3. 빨리 끝내고 싶어서 집중할 수가 없다.   4. 하기 싫어서....

오답노트 (앞에서 틀린 문제나 기억하고 싶은 문제를 적습니다.)

회	번
문제	풀이

회	번
문제	풀이

회	번
문제	풀이

회	번
문제	풀이

회	번
문제	풀이

56 진분수의 덧셈 1

분모가 다른 진분수의 덧셈 방법

$$\frac{1}{3} + \frac{2}{5} = \frac{1\times5}{3\times5} + \frac{2\times3}{5\times3}$$ ① 통분하고,

$$= \frac{5}{15} + \frac{6}{15}$$ ② 분자끼리 더합니다.

$$= \frac{11}{15}$$

계산결과가 약분 가능하면 기약분수로 만듭니다.

$$\frac{3}{4} + \frac{1}{6} = \frac{3\times6}{4\times6} + \frac{1\times4}{6\times4}$$ ① 통분하고,

$$= \frac{18}{24} + \frac{4}{24}$$ ② 분자끼리 더합니다.

$$= \frac{22}{24} = \frac{11}{12}$$ ③ 약분 가능하면 기약분수로 나타냅니다.

기약분수로...

 두 분모를 곱하는 방법으로 통분하고, 덧셈하여 값을 구하세요.

01. $\dfrac{1}{3} + \dfrac{1}{4} = \dfrac{1\times\square}{3\times\square} + \dfrac{1\times\square}{4\times\square}$

$= \dfrac{\square}{\square} + \dfrac{\square}{\square} = \dfrac{\square}{\square}$

02. $\dfrac{3}{4} + \dfrac{1}{9} = \dfrac{3\times\square}{4\times\square} + \dfrac{1\times\square}{9\times\square}$

$= \dfrac{\square}{\square} + \dfrac{\square}{\square} = \dfrac{\square}{\square}$

03. $\dfrac{2}{5} + \dfrac{3}{8} = \dfrac{2\times\square}{5\times\square} + \dfrac{3\times\square}{8\times\square}$

$= \dfrac{\square}{\square} + \dfrac{\square}{\square} = \dfrac{\square}{\square}$

 두 분모의 최대공약수를 공통분모하여 통분하고, 덧셈하여 값을 구하세요.

04. $\dfrac{1}{2} + \dfrac{1}{6} = \dfrac{1\times\square}{2\times\square} + \dfrac{1\times\square}{6\times\square}$

$= \dfrac{\square}{\square} + \dfrac{\square}{6} = \dfrac{\square}{\square} = \dfrac{\square}{\square}$

05. $\dfrac{2}{5} + \dfrac{1}{10} = \dfrac{2\times\square}{5\times\square} + \dfrac{1\times\square}{10\times\square}$

$= \dfrac{\square}{\square} + \dfrac{\square}{10} = \dfrac{\square}{\square} = \dfrac{\square}{\square}$

06. $\dfrac{3}{4} + \dfrac{1}{12} = \dfrac{3\times\square}{4\times\square} + \dfrac{1\times\square}{12\times\square}$

$= \dfrac{\square}{\square} + \dfrac{\square}{12} = \dfrac{\square}{\square} = \dfrac{\square}{\square}$

※ 계산의 답이 가분수이거나 분수부분이 더 약분 가능한 답을 적으면 틀린 답입니다. 답은 진분수, 대분수이고, 분수부분은 기약분수여야 합니다.
분수부분이 더 약분 가능하면 계산이 끝난것이 아닙니다. 기약분수가 나와야지 계산이 끝난것 입니다.

  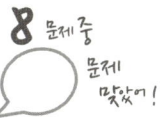

계산결과가 약분 가능하면 **기약분수**로 만듭니다.

$$\frac{3}{4} + \frac{1}{6} = \frac{3 \times 6}{4 \times 6} + \frac{1 \times 4}{6 \times 4}$$

① **통분**하고,

$$= \frac{18}{24} + \frac{4}{24}$$

② **분자**끼리 더합니다.

$$= \frac{22}{24} = \frac{11}{12}$$

③ 약분 가능하면 **기약분수**로 나타냅니다.

기약분수로

계산결과가 **가분수**이면 **대분수**로 만듭니다.

$$\frac{1}{4} + \frac{5}{6} = \frac{1 \times 6}{4 \times 6} + \frac{5 \times 4}{6 \times 4}$$

① **통분**하고,

$$= \frac{6}{24} + \frac{20}{24}$$

② **분자**끼리 더합니다.

$$= \frac{26}{24} = \frac{13}{12} = 1\frac{1}{12}$$

③ 값이 가분수면 **대분수**로, 약분 가능하면 **기약분수**로 나타냅니다.

기약분수로   대분수로

자신이 편한 방법으로 아래 분수의 덧셈을 계산하세요.

01. $\frac{1}{2} + \frac{1}{14} = \frac{1 \times \square}{2 \times \square} + \frac{1 \times \square}{14 \times \square}$

$= \frac{\square}{\square} + \frac{\square}{\square} = \frac{\square}{\square} = \frac{\square}{\square}$

02. $\frac{2}{5} + \frac{4}{15} =$

03. $\frac{1}{4} + \frac{7}{12} =$

04. $\frac{5}{12} + \frac{9}{20} =$

05. $\frac{1}{3} + \frac{4}{5} = \frac{1 \times \square}{3 \times \square} + \frac{4 \times \square}{5 \times \square} = \frac{\square}{\square} + \frac{\square}{15}$

$= \frac{\square}{\square} = \square\frac{\square}{\square}$

06. $\frac{4}{5} + \frac{7}{10} =$

07. $\frac{6}{7} + \frac{9}{14} =$

08. $\frac{7}{10} + \frac{7}{15} =$

※ 분수부분이 **더 약분 가능하면 계산이 끝난것이 아닙니다.** 기약분수가 나와야지 계산이 끝난것 입니다.

58 진분수의 덧셈 (연습1)

 자신이 편한 방법으로 아래 분수의 덧셈을 계산하세요.

01. $\dfrac{1}{2} + \dfrac{5}{6} = \dfrac{1 \times \boxed{}}{2 \times \boxed{}} + \dfrac{5 \times \boxed{}}{6 \times \boxed{}} = \dfrac{\boxed{}}{\boxed{}} + \dfrac{\boxed{}}{6}$

$= \dfrac{\boxed{}}{\boxed{}} = \dfrac{\boxed{}}{\boxed{}} = \boxed{}\dfrac{\boxed{}}{\boxed{}}$

02. $\dfrac{3}{4} + \dfrac{5}{12} =$

03. $\dfrac{4}{5} + \dfrac{13}{15} =$

04. $\dfrac{6}{7} + \dfrac{10}{21} =$

05. $\dfrac{5}{6} + \dfrac{11}{12} =$

06. $\dfrac{1}{4} + \dfrac{15}{16} =$

07. $\dfrac{2}{3} + \dfrac{3}{8} = \dfrac{2 \times \boxed{}}{3 \times \boxed{}} + \dfrac{3 \times \boxed{}}{8 \times \boxed{}} = \dfrac{\boxed{}}{\boxed{}} + \dfrac{\boxed{}}{24}$

$= \dfrac{\boxed{}}{\boxed{}} = \boxed{}\dfrac{\boxed{}}{\boxed{}}$

08. $\dfrac{7}{10} + \dfrac{8}{15} =$

09. $\dfrac{3}{4} + \dfrac{3}{10} =$

10. $\dfrac{4}{7} + \dfrac{5}{9} =$

11. $\dfrac{5}{8} + \dfrac{5}{12} =$

12. $\dfrac{1}{6} + \dfrac{14}{15} =$

이어서 나는 $\boxed{}$ 을(를) 공부/연습할거야!!

 자신이 편한 방법으로 아래 분수의 덧셈을 계산하세요.

01. $\dfrac{2}{3} + \dfrac{2}{5} = \dfrac{2 \times \boxed{}}{3 \times \boxed{}} + \dfrac{2 \times \boxed{}}{5 \times \boxed{}} = \dfrac{\boxed{}}{\boxed{}} + \dfrac{\boxed{}}{15}$

$= \dfrac{\boxed{}}{\boxed{}} = \boxed{} \dfrac{\boxed{}}{\boxed{}}$

07. $\dfrac{1}{4} + \dfrac{2}{9} = \dfrac{1 \times \boxed{}}{4 \times \boxed{}} + \dfrac{2 \times \boxed{}}{9 \times \boxed{}} = \dfrac{\boxed{}}{\boxed{}} + \dfrac{\boxed{}}{36}$

$= \dfrac{\boxed{}}{\boxed{}}$

02. $\dfrac{3}{8} + \dfrac{9}{20} =$

08. $\dfrac{5}{12} + \dfrac{13}{16} =$

03. $\dfrac{5}{9} + \dfrac{7}{15} =$

09. $\dfrac{5}{6} + \dfrac{7}{10} =$

04. $\dfrac{7}{10} + \dfrac{6}{25} =$

10. $\dfrac{2}{7} + \dfrac{1}{21} =$

05. $\dfrac{4}{7} + \dfrac{16}{21} =$

11. $\dfrac{3}{8} + \dfrac{11}{12} =$

06. $\dfrac{3}{5} + \dfrac{3}{8} =$

12. $\dfrac{7}{9} + \dfrac{2}{15} =$

 소리내 풀기 편한 방법으로 아래의 분수를 계산하여 값을 구하세요.

01. $\dfrac{2}{3} + \dfrac{5}{9} =$

02. $\dfrac{1}{6} + \dfrac{7}{18} =$

03. $\dfrac{3}{5} + \dfrac{3}{8} =$

04. $\dfrac{1}{2} + \dfrac{9}{14} =$

05. $\dfrac{2}{3} + \dfrac{3}{5} =$

06. $\dfrac{4}{9} + \dfrac{1}{12} =$

07. $\dfrac{1}{7} + \dfrac{4}{21} =$

08. $\dfrac{3}{4} + \dfrac{1}{6} =$

09. $\dfrac{7}{8} + \dfrac{5}{12} =$

10. $\dfrac{1}{14} + \dfrac{1}{4} =$

11. $\dfrac{5}{8} + \dfrac{1}{20} =$

12. $\dfrac{3}{4} + \dfrac{3}{22} =$

13. $\dfrac{1}{3} + \dfrac{5}{9} =$

14. $\dfrac{1}{2} + \dfrac{11}{18} =$

15. $\dfrac{5}{15} + \dfrac{5}{6} =$

16. $\dfrac{7}{12} + \dfrac{7}{9} =$

17. $\dfrac{13}{24} + \dfrac{3}{8} =$

18. $\dfrac{3}{10} + \dfrac{2}{15} =$

19. $\dfrac{7}{21} + \dfrac{6}{7} =$

20. $\dfrac{11}{12} + \dfrac{3}{10} =$

※ 마지막 값을 적을때, 가분수를 진분수로 고치지 않거나, 약분하지 않으면 틀린 값 입니다.
　반드시 약분하고 진분수로 만들어줍니다.

 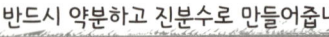

확인 (틀린 문제의 수를 적고, 약한 부분을 보충하세요.)

회차	틀린문제수
56 회	문제
57 회	문제
58 회	문제
59 회	문제
60 회	문제

생각해보기

앞에서 배운 5회차 내용이 모두 이해 되었나요?

1. 모두 이해되고 자신있다. → 다음 회로 넘어 갑니다.

2. 2~3문제 틀릴 수는 있겠지만 거의 이해한다.
    → 개념부분을 한번 더 읽고 다음 회로 넘어 갑니다.

3. 잘 모르는 것 같다.
    → 개념부분과 틀린문제를 한번 더 보고 다음 회로 넘어 갑니다.

틀린 문제가 있었다면 왜 틀렸을거라고 생각합니까?

1. 개념 설명이 어려워서 잘 모르겠다.   2. 다 아는데 실수한 것 같다.

3. 빨리 끝내고 싶어서 집중할 수가 없다.   4. 하기 싫어서....

오답노트 (앞에서 틀린 문제나 기억하고 싶은 문제를 적습니다.)

회	번
문제	풀이

회	번
문제	풀이

회	번
문제	풀이

회	번
문제	풀이

회	번
문제	풀이

61 대분수의 덧셈

방법 ① 자연수는 자연수**끼리**, 분수는 분수**끼리** 계산

$$2\frac{4}{5}+1\frac{2}{3}=2\frac{12}{15}+1\frac{10}{15}$$ 분수부분을 통분

$$=(2+1)+\left(\frac{12}{15}+\frac{10}{15}\right)$$ 끼리끼리

$$=3\frac{22}{15}=4\frac{7}{15}$$

대분수로

방법 ② 대분수를 **가분수**로 고쳐서 계산

$$2\frac{4}{5}+1\frac{2}{3}=\frac{14}{5}+\frac{5}{3}$$ 가분수로

$$=\frac{42}{15}+\frac{25}{15}$$ 통분

$$=\frac{67}{15}=4\frac{7}{15}$$ 약분하고, 대분수로 바꿔 줍니다.

대분수로

자연수는 자연수끼리, 분수는 분수끼리 더하는 방법으로 덧셈하여 값을 구하세요.

01. $1\frac{1}{3}+2\frac{8}{9}=1\frac{\square}{9}+2\frac{\square}{9}$

$$=(\,1\,+\,2\,)+\left(\frac{\square}{9}+\frac{\square}{9}\right)$$

$$=\square\frac{\square}{9}=\square\frac{\square}{\square}$$

02. $\frac{3}{4}+1\frac{5}{12}=$

03. $1\frac{5}{7}+3\frac{13}{21}=$

04. $1\frac{1}{6}+1\frac{8}{9}=$

대분수를 가분수로 고쳐서 계산하는 방법으로 계산해 보세요.

05. $1\frac{1}{3}+2\frac{8}{9}=\frac{\square}{3}+\frac{\square}{9}$

$$=\frac{\square}{9}+\frac{\square}{9}$$

$$=\frac{\square}{9}=\square\frac{\square}{\square}$$

06. $\frac{3}{4}+1\frac{5}{12}=$

07. $1\frac{5}{7}+3\frac{13}{21}=$

08. $1\frac{1}{6}+1\frac{8}{9}=$

※ 1~4번 문제와 5~8번 문제는 같은 문제입니다. 푸는 과정이 다르지만 값은 옆의 문제와 같습니다.
어떻게 푸는 것이 더 쉬웠나요?

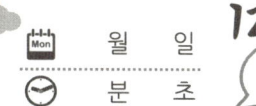 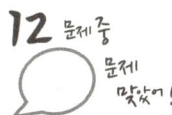
 자연수는 자연수끼리, 분수는 분수끼리 더하는 방법으로 덧셈하여 값을 구하세요.

01. $2\frac{1}{2} + 1\frac{1}{4} = 2\frac{\boxed{}}{4} + 1\frac{\boxed{}}{4}$

$= (\ 2 + 1\ ) + (\frac{\boxed{}}{4} + \frac{\boxed{}}{4})$

$= \boxed{}\frac{\boxed{}}{4}$

02. $2\frac{2}{3} + \frac{10}{21} =$

03. $1\frac{3}{4} + 1\frac{5}{8} =$

04. $3\frac{2}{3} + 2\frac{5}{7} =$

05. $1\frac{3}{4} + 2\frac{5}{14} =$

06. $2\frac{1}{5} + 2\frac{9}{10} =$

대분수를 가분수로 고쳐서 계산하는 방법으로 계산해 보세요.

07. $1\frac{5}{6} + 3\frac{7}{15} = \frac{\boxed{}}{6} + \frac{\boxed{}}{15}$

$= \frac{\boxed{}}{30} + \frac{\boxed{}}{30} = \frac{\boxed{}}{30}$

$= \frac{\boxed{}}{10} = \boxed{}\frac{\boxed{}}{\boxed{}}$

08. $\frac{2}{5} + 1\frac{13}{20} =$

09. $2\frac{1}{7} + 1\frac{5}{14} =$

10. $1\frac{3}{8} + 3\frac{7}{12} =$

11. $2\frac{5}{6} + 2\frac{1}{18} =$

12. $4\frac{5}{8} + 1\frac{5}{24} =$

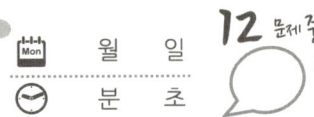
소리내
풀기 자연수는 자연수끼리, 분수는 분수끼리 더하는 방법
으로 덧셈하여 값을 구하세요.

소리내
풀기 대분수를 가분수로 고쳐서 계산하는 방법으로
계산해 보세요.

01. $3\frac{5}{6} + 2\frac{3}{8} = 3\frac{\boxed{}}{24} + 2\frac{\boxed{}}{24}$

$= (\ 3\ +\ 2\ ) + (\ \frac{\boxed{}}{24} + \frac{\boxed{}}{24}\ )$

$= \boxed{}\ \frac{\boxed{}}{24} = \boxed{}\ \frac{\boxed{}}{\boxed{}}$

02. $2\frac{3}{4} + \frac{1}{6} =$

03. $1\frac{7}{9} + 3\frac{8}{15} =$

04. $1\frac{5}{7} + 1\frac{1}{28} =$

05. $3\frac{1}{2} + 2\frac{7}{10} =$

06. $2\frac{2}{3} + 1\frac{11}{15} =$

07. $1\frac{1}{6} + 3\frac{5}{18} = \frac{\boxed{}}{6} + \frac{\boxed{}}{18}$

$= \frac{\boxed{}}{18} + \frac{\boxed{}}{18}$

$= \frac{\boxed{}}{18} = \frac{\boxed{}}{\boxed{}} = \boxed{}\ \frac{\boxed{}}{\boxed{}}$

08. $\frac{2}{5} + 1\frac{17}{20} =$

09. $3\frac{1}{4} + 1\frac{3}{5} =$

10. $2\frac{1}{8} + 2\frac{7}{24} =$

11. $1\frac{6}{7} + 4\frac{5}{21} =$

12. $1\frac{1}{3} + 2\frac{6}{7} =$

64 대분수의 덧셈 (연습3)

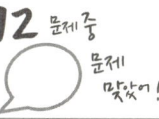
 자연수는 자연수끼리, 분수는 분수끼리 더하는 방법으로 덧셈하여 값을 구하세요.

01. $1\dfrac{3}{5} + 2\dfrac{5}{8} = 1\dfrac{\boxed{}}{40} + 2\dfrac{\boxed{}}{40}$

$= (\ 1 \ + \ 2 \ ) + (\dfrac{\boxed{}}{40} + \dfrac{\boxed{}}{40})$

$= \boxed{}\dfrac{\boxed{}}{40} = \boxed{}\dfrac{\boxed{}}{\boxed{}}$

02. $\dfrac{2}{3} + 3\dfrac{3}{7} =$

03. $5\dfrac{1}{6} + 2\dfrac{3}{4} =$

04. $1\dfrac{7}{8} + 1\dfrac{3}{16} =$

05. $2\dfrac{1}{4} + 1\dfrac{4}{9} =$

06. $3\dfrac{5}{9} + 2\dfrac{7}{12} =$

🍎 대분수를 가분수로 고쳐서 계산하는 방법으로 계산해 보세요.

07. $1\dfrac{5}{12} + 3\dfrac{2}{15} = \dfrac{\boxed{}}{12} + \dfrac{\boxed{}}{15}$

$= \dfrac{\boxed{}}{60} + \dfrac{\boxed{}}{60}$

$= \dfrac{\boxed{}}{60} = \dfrac{\boxed{}}{\boxed{}} = \boxed{}\dfrac{\boxed{}}{\boxed{}}$

08. $1\dfrac{4}{7} + \dfrac{9}{14} =$

09. $2\dfrac{3}{11} + 1\dfrac{5}{22} =$

10. $1\dfrac{7}{10} + 3\dfrac{13}{30} =$

11. $2\dfrac{5}{8} + 2\dfrac{1}{12} =$

12. $2\dfrac{9}{10} + 1\dfrac{8}{15} =$

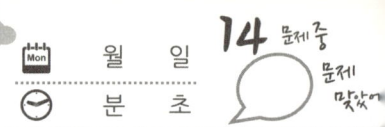

소리내 읽기

문제) 색 테이프를 영희는 $2\frac{1}{6}$ m, 미나는 $4\frac{3}{4}$ m 가지고 있습니다. 두 사람은 모두 몇 m의 색테이프를 가지고 있을까요?

풀이) 영희의 색 테이프 = $2\frac{1}{6}$ m   미나 색 테이프 = $4\frac{3}{4}$ m

전체 색테이프 = 영희 색테이프 + 미나 색테이프 이므로

식은 $2\frac{1}{6}+4\frac{3}{4}$ 이고 값은 $6\frac{11}{12}$ m 입니다.

식) $2\frac{1}{6}+4\frac{3}{4}$ 답) $6\frac{11}{12}$

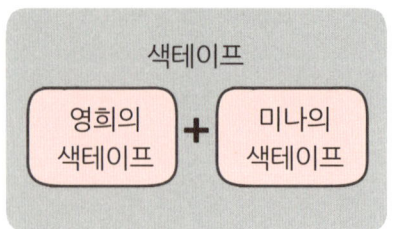

색테이프

영희의 색테이프 + 미나의 색테이프

소리내 풀기

아래의 문제를 풀어보세요.

01. 우유 4통을 사서 어제 $2\frac{2}{7}$ 통을 마시고, 오늘 $1\frac{1}{5}$ 통을 마셨습니다. 어제와 오늘 마신 우유는 모두 몇 통 일까요?

(식 2점 / 답 1점)

풀이)

식) _____   답) _____

02. 나의 몸무게는 $27\frac{7}{12}$ kg이고, 고양이의 무게는 $3\frac{3}{8}$ kg 입니다. 내가 고양이를 안으면 몇 kg일까요?

(식 2점 / 답 1점)

풀이)

식) _____   답) _____

03. 시장에서 고구마 $1\frac{1}{10}$ kg과 감자 $3\frac{2}{25}$ kg를 사서 봉투에 담았습니다. 봉투는 몇 kg일까요?

(식 2점 / 답 1점)

풀이)

식) _____   답) _____

04. 내가 문제를 만들어 풀어 봅니다. (분모가 다른 분수의 덧셈)

풀이)

(문제 2점 / 식 2점 / 답 1점)

식) _____   답) _____

※ 답을 적을때는 꼭 단위(일, 통, mm, kg등)을 꼭 붙여줘야 합니다. 단위를 안 적으면 틀린 답입니다.

확인 (틀린 문제의 수를 적고, 약한 부분을 보충하세요.)

회차	틀린문제수
61 회	문제
62 회	문제
63 회	문제
64 회	문제
65 회	문제

오답노트 (앞에서 틀린 문제나 기억하고 싶은 문제를 적습니다.)

회	번
문제	풀이

회	번
문제	풀이

회	번
문제	풀이

회	번
문제	풀이

회	번
문제	풀이

생각해보기

앞에서 배운 5회차 내용이 모두 이해 되었나요?

1. 모두 이해되고 자신있다. → 다음 회로 넘어 갑니다.

2. 2~3문제 틀릴 수는 있겠지만 거의 이해한다.
   → 개념부분을 한번 더 읽고 다음 회로 넘어 갑니다.

3. 잘 모르는 것 같다.
   → 개념부분과 틀린문제를 한번 더 보고 다음 회로 넘어 갑니다.

틀린 문제가 있었다면 왜 틀렸을거라고 생각합니까?

1. 개념 설명이 어려워서 잘 모르겠다.   2. 다 아는데 실수한 것 같다.

3. 빨리 끝내고 싶어서 집중할 수가 없다.   4. 하기 싫어서....

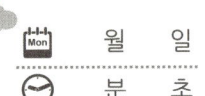

소리내 읽기

분모가 다른 진분수의 뺄셈 방법

$$\frac{3}{4} - \frac{2}{5} = \frac{3 \times 5}{4 \times 5} - \frac{2 \times 4}{5 \times 4}$$

① 통분하고,

$$= \frac{15}{20} - \frac{8}{20}$$

② 분자끼리 뺍니다.

$$= \frac{7}{20}$$

계산결과가 약분 가능하면 기약분수로 만듭니다.

$$\frac{3}{4} - \frac{1}{6} = \frac{3 \times 6}{4 \times 6} - \frac{1 \times 4}{6 \times 4}$$

① 통분하고,

$$= \frac{18}{24} - \frac{4}{24}$$

② 분자끼리 뺍합니다.

$$= \frac{14}{24} = \frac{7}{12}$$

③ 약분 가능하면 기약분수로 나타냅니다.

기약분수로

소리내 풀기

두 분모를 곱하는 방법으로 통분하고, 뺄셈하여 값을 구하세요.

01. $\dfrac{1}{3} - \dfrac{1}{4} = \dfrac{1 \times \square}{3 \times \square} - \dfrac{1 \times \square}{4 \times \square}$

$$= \frac{\square}{\square} - \frac{\square}{\square} = \frac{\square}{\square}$$

02. $\dfrac{3}{4} - \dfrac{1}{9} = \dfrac{3 \times \square}{4 \times \square} - \dfrac{1 \times \square}{9 \times \square}$

$$= \frac{\square}{\square} - \frac{\square}{\square} = \frac{\square}{\square}$$

03. $\dfrac{2}{5} - \dfrac{3}{8} = \dfrac{2 \times \square}{5 \times \square} - \dfrac{3 \times \square}{8 \times \square}$

$$= \frac{\square}{\square} - \frac{\square}{\square} = \frac{\square}{\square}$$

소리내 풀기

두 분모의 최대공약수를 공통분모하여 통분하고, 뺄셈하여 값을 구하세요.

04. $\dfrac{1}{2} - \dfrac{1}{6} = \dfrac{1 \times \square}{2 \times \square} - \dfrac{1 \times \square}{6 \times \square}$

$$= \frac{\square}{\square} - \frac{\square}{6} = \frac{\square}{\square} = \frac{\square}{\square}$$

05. $\dfrac{3}{5} - \dfrac{1}{10} = \dfrac{3 \times \square}{5 \times \square} - \dfrac{1 \times \square}{10 \times \square}$

$$= \frac{\square}{\square} - \frac{\square}{10} = \frac{\square}{\square} = \frac{\square}{\square}$$

06. $\dfrac{3}{4} - \dfrac{1}{12} = \dfrac{3 \times \square}{4 \times \square} - \dfrac{1 \times \square}{12 \times \square}$

$$= \frac{\square}{\square} - \frac{\square}{12} = \frac{\square}{\square} = \frac{\square}{\square}$$

※ 계산의 답이 가분수이거나 분수부분이 더 약분 가능한 답을 적으면 틀린 답입니다. 답은 진분수, 대분수이고, 분수부분은 기약분수여야 합니다.
분수부분이 더 약분 가능하면 계산이 끝난것이 아닙니다. 기약분수가 나와야지 계산이 끝난것 입니다.

67 진분수의 뺄셈 (연습1)

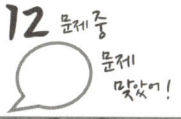
 두 분모를 곱하는 방법으로 통분하고,
뺄셈하여 값을 구하세요.

01. $\dfrac{1}{2} - \dfrac{1}{6} = \dfrac{1 \times \boxed{}}{2 \times \boxed{}} - \dfrac{1 \times \boxed{}}{6 \times \boxed{}}$

$= \dfrac{\boxed{}}{\boxed{}} - \dfrac{\boxed{}}{12} = \dfrac{\boxed{}}{\boxed{}} = \dfrac{\boxed{}}{\boxed{}}$

02. $\dfrac{7}{9} - \dfrac{4}{7} =$

03. $\dfrac{4}{5} - \dfrac{2}{15} =$

04. $\dfrac{11}{21} - \dfrac{3}{7} =$

05. $\dfrac{5}{6} - \dfrac{1}{12} =$

06. $\dfrac{1}{4} - \dfrac{3}{16} =$

 두 분모의 최대공약수를 공통분모하여 통분하고,
뺄셈하여 값을 구하세요.

07. $\dfrac{5}{6} - \dfrac{1}{8} = \dfrac{5 \times \boxed{}}{6 \times \boxed{}} - \dfrac{1 \times \boxed{}}{8 \times \boxed{}}$

$= \dfrac{\boxed{}}{\boxed{}} - \dfrac{\boxed{}}{24} = \dfrac{\boxed{}}{\boxed{}}$

08. $\dfrac{7}{10} - \dfrac{8}{15} =$

09. $\dfrac{3}{4} - \dfrac{3}{10} =$

10. $\dfrac{11}{14} - \dfrac{3}{7} =$

11. $\dfrac{5}{8} - \dfrac{5}{12} =$

12. $\dfrac{7}{15} - \dfrac{2}{5} =$

 소리내 풀기   자신이 편한 방법으로 아래 분수의 뺄셈을 계산하세요.

01. $\dfrac{2}{3} - \dfrac{2}{5} = \dfrac{2 \times \boxed{}}{3 \times \boxed{}} - \dfrac{2 \times \boxed{}}{5 \times \boxed{}}$

$= \dfrac{\boxed{}}{\boxed{}} - \dfrac{\boxed{}}{15} = \dfrac{\boxed{}}{\boxed{}}$

02. $\dfrac{5}{8} - \dfrac{5}{24} =$

03. $\dfrac{13}{15} - \dfrac{1}{5} =$

04. $\dfrac{9}{10} - \dfrac{1}{30} =$

05. $\dfrac{5}{7} - \dfrac{8}{21} =$

06. $\dfrac{3}{5} - \dfrac{3}{8} =$

07. $\dfrac{4}{9} - \dfrac{1}{6} = \dfrac{4 \times \boxed{}}{9 \times \boxed{}} - \dfrac{1 \times \boxed{}}{6 \times \boxed{}}$

$= \dfrac{\boxed{}}{\boxed{}} - \dfrac{\boxed{}}{18} = \dfrac{\boxed{}}{\boxed{}}$

08. $\dfrac{7}{12} - \dfrac{5}{16} =$

09. $\dfrac{5}{6} - \dfrac{7}{10} =$

10. $\dfrac{8}{21} - \dfrac{3}{14} =$

11. $\dfrac{11}{12} - \dfrac{5}{8} =$

12. $\dfrac{4}{9} - \dfrac{1}{36} =$

 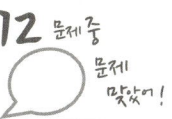

69 진분수의 뺄셈 (연습3)

 자신이 편한 방법으로 아래 분수의 뺄셈을 계산하세요.

01. $\dfrac{3}{4} - \dfrac{2}{3} = \dfrac{3 \times \square}{4 \times \square} - \dfrac{2 \times \square}{3 \times \square}$

$= \dfrac{\square}{\square} - \dfrac{\square}{\square} = \dfrac{\square}{\square}$

02. $\dfrac{2}{5} - \dfrac{3}{8} =$

03. $\dfrac{5}{12} - \dfrac{1}{20} =$

04. $\dfrac{9}{14} - \dfrac{2}{7} =$

05. $\dfrac{7}{10} - \dfrac{4}{15} =$

06. $\dfrac{4}{7} - \dfrac{10}{21} =$

07. $\dfrac{7}{9} - \dfrac{1}{6} = \dfrac{7 \times \square}{9 \times \square} - \dfrac{1 \times \square}{6 \times \square}$

$= \dfrac{\square}{\square} - \dfrac{\square}{18} = \dfrac{\square}{\square}$

08. $\dfrac{2}{3} - \dfrac{5}{18} =$

09. $\dfrac{3}{5} - \dfrac{1}{8} =$

10. $\dfrac{1}{4} - \dfrac{2}{9} =$

11. $\dfrac{15}{16} - \dfrac{11}{12} =$

12. $\dfrac{5}{6} - \dfrac{7}{10} =$

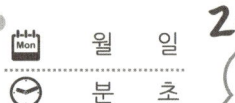
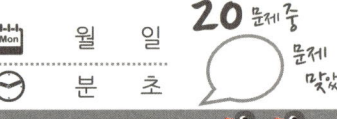

월 일
분 초

20 문제 중
문제 맞았기

 소리내 풀기 편한 방법으로 아래의 분수를 계산하여 값을 구하세요.

01. $\dfrac{2}{3} - \dfrac{5}{9} =$

02. $\dfrac{5}{6} - \dfrac{7}{18} =$

03. $\dfrac{3}{5} - \dfrac{3}{8} =$

04. $\dfrac{1}{2} - \dfrac{5}{14} =$

05. $\dfrac{2}{3} - \dfrac{3}{5} =$

06. $\dfrac{4}{9} - \dfrac{1}{12} =$

07. $\dfrac{6}{7} - \dfrac{4}{21} =$

08. $\dfrac{3}{4} - \dfrac{1}{6} =$

09. $\dfrac{7}{8} - \dfrac{5}{12} =$

10. $\dfrac{11}{14} - \dfrac{1}{4} =$

11. $\dfrac{5}{8} - \dfrac{1}{20} =$

12. $\dfrac{3}{4} - \dfrac{3}{22} =$

13. $\dfrac{2}{3} - \dfrac{5}{9} =$

14. $\dfrac{7}{8} - \dfrac{11}{18} =$

15. $\dfrac{5}{6} - \dfrac{1}{3} =$

16. $\dfrac{7}{9} - \dfrac{7}{12} =$

17. $\dfrac{13}{24} - \dfrac{3}{8} =$

18. $\dfrac{3}{10} - \dfrac{2}{15} =$

19. $\dfrac{7}{12} - \dfrac{5}{18} =$

20. $\dfrac{11}{12} - \dfrac{3}{10} =$

※ 마지막 값을 적을때, 가분수를 진분수로 고치지 않거나, 약분하지 않으면 틀린 값 입니다.
반드시 약분하고 진분수로 만들어줍니다.

이어서 나는 　　　　 을(를) 공부/연습할거야!!

회차	틀린문제수
66 회	문제
67 회	문제
68 회	문제
69 회	문제
70 회	문제

오답노트 (앞에서 틀린 문제나 기억하고 싶은 문제를 적습니다.)

회	번
문제	풀이

회	번
문제	풀이

회	번
문제	풀이

회	번
문제	풀이

회	번
문제	풀이

생각해보기

앞에서 배운 5회차 내용이 모두 이해 되었나요?

1. 모두 이해되고 자신있다. → 다음 회로 넘어 갑니다.

2. 2~3문제 틀릴 수는 있겠지만 거의 이해한다.
  → 개념부분을 한번 더 읽고 다음 회로 넘어 갑니다.

3. 잘 모르는 것 같다.
  → 개념부분과 틀린문제를 한번 더 보고 다음 회로 넘어 갑니다.

틀린 문제가 있었다면 왜 틀렸을거라고 생각합니까?

1. 개념 설명이 어려워서 잘 모르겠다.   2. 다 아는데 실수한 것 같다.

3. 빨리 끝내고 싶어서 집중할 수가 없다.   4. 하기 싫어서....

71 대분수의 뺄셈 1

月 월 일
Mon
🕐 분 초

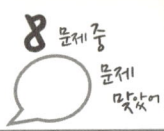
8 문제 중
문제
맞았어?

소리내
읽기

방법 ① 자연수는 자연수**끼리**, 분수는 분수**끼리** 계산

$$2\frac{4}{5} - 1\frac{2}{3} = 2\frac{12}{15} - 1\frac{10}{15} \quad \text{분수부분을 통분}$$
$$= (2 - 1) + \left(\frac{12}{15} - \frac{10}{15}\right) \quad \text{끼리끼리}$$
$$= 1\frac{2}{15}$$

방법 ② 대분수를 **가분수**로 고쳐서 계산

$$2\frac{4}{5} - 1\frac{2}{3} = \frac{14}{5} - \frac{5}{3} \quad \text{가분수로}$$
$$= \frac{42}{15} - \frac{25}{15} \quad \text{통분}$$
$$= \frac{17}{15} = 1\frac{2}{15} \quad \text{대분수로 바꿔 줍니다.}$$
대분수로…

소리내
풀기

자연수는 자연수끼리, 분수는 분수끼리 빼는 방법으로 계산하여 값을 구하세요.

01. $2\frac{2}{3} - 1\frac{1}{9} = 2\dfrac{\boxed{}}{9} - 1\dfrac{\boxed{}}{9}$

$\quad = (2 - 1) + \left(\dfrac{\boxed{}}{9} - \dfrac{\boxed{}}{9}\right)$

$\quad = \boxed{}\dfrac{\boxed{}}{9}$

02. $1\frac{3}{4} - \frac{5}{12} =$

03. $3\frac{5}{7} - 2\frac{12}{21} =$

04. $4\frac{4}{6} - 1\frac{5}{9} =$

소리내
풀기

대분수를 가분수로 고쳐서 계산하는 방법으로 계산해 보세요.

05. $2\frac{2}{3} - 1\frac{1}{9} = \dfrac{\boxed{}}{3} - \dfrac{\boxed{}}{9}$

$\quad = \dfrac{\boxed{}}{9} - \dfrac{\boxed{}}{9}$

$\quad = \dfrac{\boxed{}}{9} = \boxed{}\dfrac{\boxed{}}{\rule{1cm}{0.4pt}}$

06. $1\frac{3}{4} - \frac{5}{12} =$

07. $3\frac{5}{7} - 2\frac{12}{21} =$

08. $4\frac{4}{6} - 1\frac{5}{9} =$

※ 1~4번 문제와 5~8번 문제는 같은 문제입니다. 푸는 과정이 다르지만 값은 옆의 문제와 같습니다.
어떻게 푸는 것이 더 쉬웠나요?

72 대분수의 뺄셈 2

소리내 읽기

방법 ① 자연수는 자연수끼리, 분수는 분수끼리 계산

$$3\frac{1}{6} - 1\frac{3}{4} = 3\frac{4}{24} - 1\frac{18}{24} = 2\frac{28}{24} - 1\frac{18}{24}$$

$$= (2-1) + \left(\frac{28}{24} - \frac{18}{24}\right) \text{ 끼리끼리}$$

$$= 1\frac{10}{24} = 1\frac{5}{12}$$

약분가능하면 약분하고, 가분수는 대분수로 바꿔 줍니다.

기약분수…

방법 ② 대분수를 가분수로 고쳐서 계산

$$3\frac{1}{6} - 1\frac{3}{4} = \frac{19}{6} - \frac{7}{4} \text{ 가분수로}$$

$$= \frac{76}{24} - \frac{42}{24} \text{ 통분}$$

$$= \frac{34}{24} = \frac{17}{12} = 1\frac{5}{12}$$

약분가능하면 약분하고, 가분수는 대분수로 바꿔 줍니다.

기약분수… 대분수로…

소리내 풀기

자연수는 자연수끼리, 분수는 분수끼리 빼는 방법으로 계산하여 값을 구하세요.

01. $3\frac{1}{3} - 1\frac{5}{6} = 3\dfrac{\boxed{}}{6} - 1\dfrac{\boxed{}}{6}$

$= 2\dfrac{\boxed{}}{6} - 1\dfrac{\boxed{}}{6}$

$= \boxed{}\dfrac{\boxed{}}{\boxed{}} = \boxed{}\dfrac{\boxed{}}{\boxed{}}$

02. $2\frac{3}{4} - 1\frac{17}{20} =$

03. $2\frac{4}{21} - 1\frac{5}{6} =$

04. $2\frac{7}{15} - 1\frac{8}{9} =$

소리내 풀기

대분수를 가분수로 고쳐서 계산하는 방법으로 계산해 보세요.

05. $3\frac{1}{3} - 1\frac{5}{6} = \dfrac{\boxed{}}{3} - \dfrac{\boxed{}}{6}$

$= \dfrac{\boxed{}}{6} - \dfrac{\boxed{}}{6}$

$= \dfrac{\boxed{}}{6} = \dfrac{\boxed{}}{\boxed{}} = \boxed{}\dfrac{\boxed{}}{\boxed{}}$

06. $2\frac{3}{4} - 1\frac{17}{20} =$

07. $2\frac{4}{21} - 1\frac{5}{6} =$

08. $2\frac{7}{15} - 1\frac{8}{9} =$

※ 1~4번 문제와 5~8번 문제는 같은 문제입니다. 푸는 과정이 다르지만 값은 옆의 문제와 같습니다.
어떻게 푸는 것이 더 쉬웠나요?

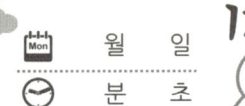
 자연수는 자연수끼리, 분수는 분수끼리 빼는 방법으로 계산하여 값을 구하세요.

01. $4\dfrac{1}{6} - 1\dfrac{1}{2} = 4\dfrac{\boxed{}}{6} - 1\dfrac{\boxed{}}{6}$

$= 3\dfrac{\boxed{}}{6} - 1\dfrac{\boxed{}}{6}$

$= \boxed{}\dfrac{\boxed{}}{\boxed{}} = \boxed{}\dfrac{\boxed{}}{\boxed{}}$

02. $2\dfrac{2}{3} - 1\dfrac{17}{21} =$

03. $6\dfrac{3}{4} - 3\dfrac{7}{8} =$

04. $3\dfrac{2}{3} - 2\dfrac{6}{7} =$

05. $5\dfrac{5}{14} - 2\dfrac{3}{4} =$

06. $1\dfrac{1}{5} - \dfrac{9}{10} =$

 대분수를 가분수로 고쳐서 계산하는 방법으로 계산해 보세요.

07. $5\dfrac{8}{15} - 3\dfrac{5}{6} = \dfrac{\boxed{}}{15} - \dfrac{\boxed{}}{6}$

$= \dfrac{\boxed{}}{30} - \dfrac{\boxed{}}{30}$

$= \dfrac{\boxed{}}{30} = \dfrac{\boxed{}}{\boxed{}} = \boxed{}\dfrac{\boxed{}}{\boxed{}}$

08. $6\dfrac{3}{5} - 1\dfrac{17}{20} =$

09. $4\dfrac{2}{7} - 2\dfrac{11}{14} =$

10. $5\dfrac{1}{4} - 4\dfrac{7}{12} =$

11. $3\dfrac{5}{6} - \dfrac{17}{18} =$

12. $2\dfrac{17}{24} - 1\dfrac{7}{8} =$

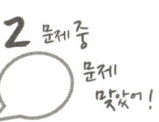
 자연수는 자연수끼리, 분수는 분수끼리 빼는 방법으로 값을 구하세요.

01. $4\frac{1}{12} - 1\frac{5}{6} = 4\frac{\boxed{}}{12} - 1\frac{\boxed{}}{12}$

$= 3\frac{\boxed{}}{12} - 1\frac{\boxed{}}{12}$

$= \boxed{}\frac{\boxed{}}{\boxed{}} = \boxed{}\frac{\boxed{}}{\boxed{}}$

02. $2\frac{3}{8} - 1\frac{5}{12} =$

03. $2\frac{1}{3} - 1\frac{7}{9} =$

04. $2\frac{4}{7} - 1\frac{23}{28} =$

05. $2\frac{3}{10} - 1\frac{1}{2} =$

06. $2\frac{2}{3} - 1\frac{11}{15} =$

소리내 풀기 대분수를 가분수로 고쳐서 계산하는 방법으로 계산해 보세요.

07. $5\frac{1}{6} - 3\frac{5}{18} = \frac{\boxed{}}{6} - \frac{\boxed{}}{18}$

$= \frac{\boxed{}}{18} - \frac{\boxed{}}{18}$

$= \frac{\boxed{}}{18} = \frac{\boxed{}}{\boxed{}} = \boxed{}\frac{\boxed{}}{\boxed{}}$

08. $2\frac{7}{20} - 1\frac{5}{12} =$

09. $2\frac{3}{4} - 1\frac{4}{5} =$

10. $2\frac{1}{8} - 1\frac{7}{24} =$

11. $2\frac{4}{21} - 1\frac{4}{7} =$

12. $2\frac{1}{3} - 1\frac{6}{7} =$

문제) 쓰다남은 테이프가 $5\frac{5}{6}$ m 있어서 $2\frac{7}{9}$ m를 더 사용했습니다. 남은 테이프는 몇 m일까요?

풀이) 처음 색 테이프 = $5\frac{5}{6}$ m   사용한 색 테이프 = $2\frac{7}{9}$ m

남은 색 테이프 = 처음 색 테이프 – 사용한 색 테이프 이므로

식은 $5\frac{5}{6} - 2\frac{7}{9}$ 이고 값은 $3\frac{1}{18}$ m 입니다.

식) $5\frac{5}{6} - 2\frac{7}{9}$ 답) $3\frac{1}{18}$

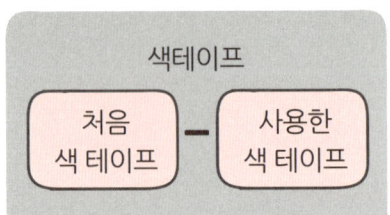

색테이프

| 처음 색 테이프 | – | 사용한 색 테이프 |

아래의 문제를 풀어보세요.

01. 우유 **4**통을 사서, 어제 $1\frac{3}{4}$ 통을 마셨고, 오늘 $1\frac{2}{3}$ 을 마셨습니다. 이제 얼마나 남았을까요?

풀이)

(식 2점)
(답 1점)

식) _____   답) _____ 통

02. 우리집에서 학교까지는 $2\frac{3}{10}$ km입니다. 집에서 학교까지 $1\frac{1}{5}$ km만큼 걸어 왔다면 남은 거리는 몇 km일까요?

풀이)

(식 2점)
(답 1점)

식) _____   답) _____ km

03. 어떤 상자를 가득 채우면 $3\frac{3}{4}$ Kg이 된다고 합니다. 현재 $1\frac{5}{12}$ Kg이 있다면, 몇 kg이 더 있어야 상자를 다 채울까요?

풀이)

(식 2점)
(답 1점)

식) _____   답) _____ kg

04. 내가 문제를 만들어 풀어 봅니다. (분모가 다른 분수의 뺄셈)

풀이)

(문제 2점)
(식 2점)
(답 1점)

식) _____   답) _____

확인 (틀린 문제의 수를 적고, 약한 부분을 보충하세요.)

회차	틀린문제수
71 회	문제
72 회	문제
73 회	문제
74 회	문제
75 회	문제

생각해보기

앞에서 배운 5회차 내용이 모두 이해 되었나요?

1. 모두 이해되고 자신있다. → 다음 회로 넘어 갑니다.

2. 2~3문제 틀릴 수는 있겠지만 거의 이해한다.
    → 개념부분을 한번 더 읽고 다음 회로 넘어 갑니다.

3. 잘 모르는 것 같다.
    → 개념부분과 틀린문제를 한번 더 보고 다음 회로 넘어 갑니다.

틀린 문제가 있었다면 왜 틀렸을거라고 생각합니까?

1. 개념 설명이 어려워서 잘 모르겠다.   2. 다 아는데 실수한 것 같다.

3. 빨리 끝내고 싶어서 집중할 수가 없다.   4. 하기 싫어서....

오답노트 (앞에서 틀린 문제나 기억하고 싶은 문제를 적습니다.)

회	번
문제	풀이

회	번
문제	풀이

회	번
문제	풀이

회	번
문제	풀이

회	번
문제	풀이

76 직사각형의 둘레와 넓이

직사각형은 가로와 세로가 각각 2개씩 있으므로

직사각형의 둘레 = (가로)+(세로)+(가로)+(세로)
= {(가로)+(세로)}×2

5 cm
3 cm

직사각형의 둘레
= 5 + 3 + 5 + 3
= (5 + 3)× 2 = 16 cm

직사각형의 넓이는 (가로)×(세로) 입니다.

직사각형의 넓이 = (가로)×(세로)

5 cm
3 cm

직사각형의 넓이
= 5 × 3
= 15 cm²

직사각형의 둘레와 넓이를 구하는 공식을 이해하고, 아래를 풀어 보세요.

01. 직사각형의 둘레에는 가로와 세로가 각각 ☐ 개씩 있습니다.

직사각형의 둘레 = (☐ + ☐) × ☐ 입니다.

합/차/곱/나눔

04. 직사각형의 넓이는 (가로) 와 (세로)의 ☐ 입니다.

직사각형의 넓이 = (가로) ☐ (세로) 입니다.

02. 아래 사각형의 둘레를 구하세요.

① 6 cm
4 cm
둘레 =
= ☐ cm

① 2 cm
3 cm
둘레 =
= ☐ cm

05. 아래 사각형의 넓이를 구하세요.

① 6 cm
4 cm
넓이 =
= ☐ cm²

① 2 cm
3 cm
넓이 =
= ☐ cm²

03. 정사각형의 둘레는 같은 변이 4 개 있으므로,

정사각형의 둘레 = (한 변) × ☐ 입니다.

3 cm
3 cm
둘레 =
= ☐ cm

06. 정사각형의 넓이는 가로와 세로가 같으므로

정사각형의 넓이 = (한 변) × (한 변) 입니다.

3 cm
3 cm
넓이 =
= ☐ cm²

※ 수학은 긴 문제를 간단히 하는 학문입니다. 사각형은 변이 4개인 도형이므로,
정사각형의 둘레는 한변의 길이 + 한변의 길이 + 한변의 길이 + 한변의 길이 이고
간단히 한변의 길이 × 4 로 값을 구할 수 있습니다.

이어서 나는 ☐ 을(를) 공부/연습할거야!!

소리내
풀기
직각으로 이루어진 도형의 둘레와 넓이를 구하세요.

01.
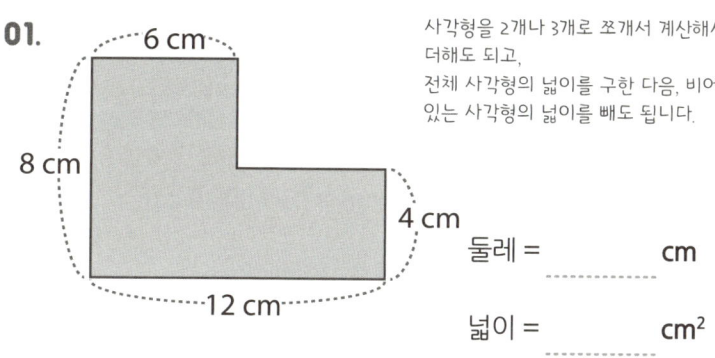

사각형을 2개나 3개로 쪼개서 계산해서 더해도 되고, 전체 사각형의 넓이를 구한 다음, 비어 있는 사각형의 넓이를 빼도 됩니다.

둘레 = _____ cm

넓이 = _____ cm²

04.
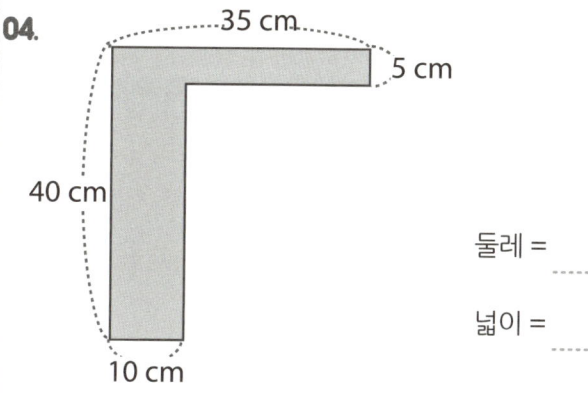

둘레 = _____ cm

넓이 = _____ cm²

02.
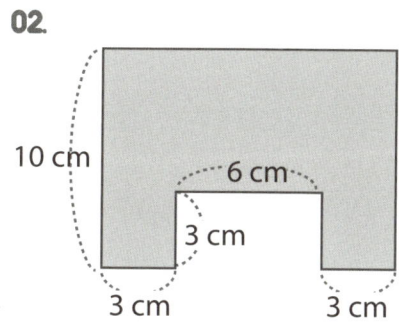

둘레 = _____ cm

넓이 = _____ cm²

05.
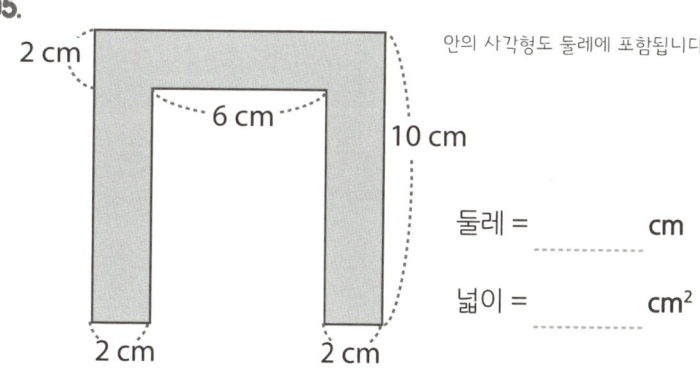

안의 사각형도 둘레에 포함됩니다.

둘레 = _____ cm

넓이 = _____ cm²

03.
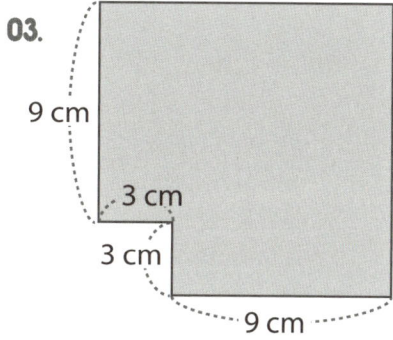

둘레 = _____ cm

넓이 = _____ cm²

06.
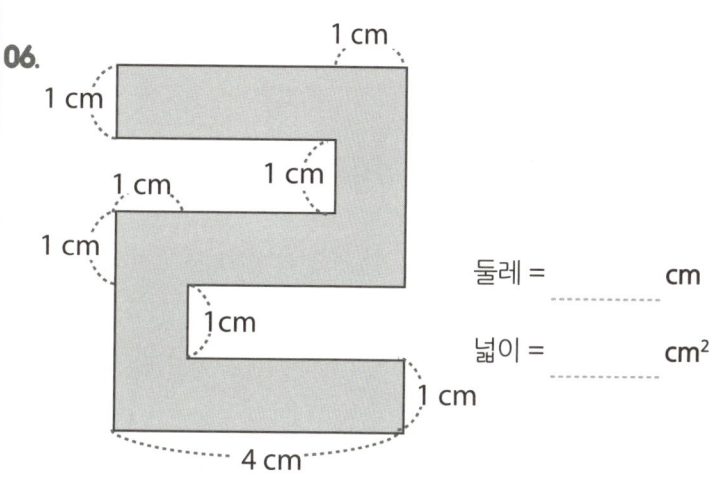

둘레 = _____ cm

넓이 = _____ cm²

이어서 나는 _____ 을(를) 공부/연습할거야!!

78 평행사변형과 삼각형의 넓이

소리내 읽기

평행사변형의 넓이

평행사변형의 넓이 = (밑면)×(높이)

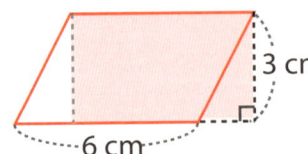

평행사변형의 넓이
= 직사각형의 넓이
= 6 × 3 = 18 cm²

※ 앞에 삐져나온 삼각형을 옆으로 붙이면 직사각형이 됩니다.

삼각형의 넓이

삼각형의 넓이 = {(밑면)×(높이)} ÷ 2

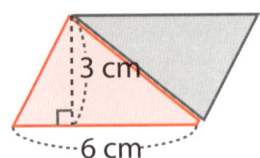

삼각형의 넓이
= 평행사변형의 넓이 ÷ 2
= (6 × 3) ÷ 2 = 9 cm²

※ 삼각형을 거꾸로 붙여 놓으면 평행사변형이 됩니다.

소리내 풀기

아래의 평행사변형과 삼각형의 넓이 구하는 식을 적고, 답을 구하세요.

01.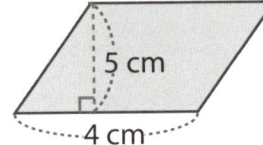
넓이 =
= ☐ cm²

02.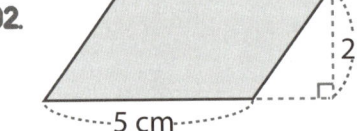
넓이 =
= ☐ cm²

03.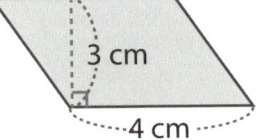
넓이 =
= ☐ cm²

04.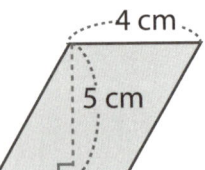
넓이 =
= ☐ cm²

05.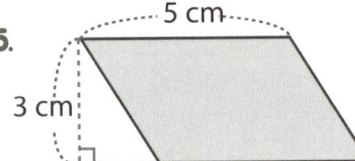
넓이 =
= ☐ cm²

06.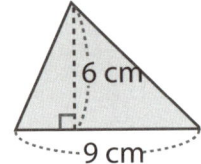
넓이 =
= ☐ cm²

07.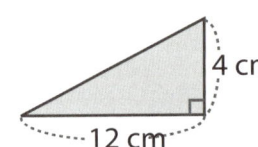
넓이 =
= ☐ cm²

08.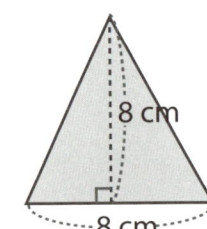
넓이 =
= ☐ cm²

09.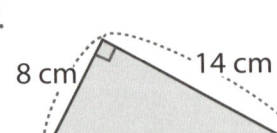
넓이 =
= ☐ cm²

10.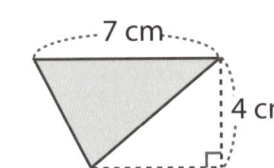
넓이 =
= ☐ cm²

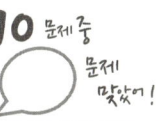

사다리꼴의 넓이

사다리꼴의 넓이 = {(윗변)+(아랫변)}×(높이)÷2

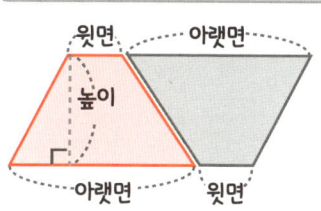

사다리꼴의 넓이
= 평행사변형의 넓이 ÷ 2

※ 똑같은 사다리꼴을 거꾸로해서 붙이면 아랫면+윗면이 한변이 되는 **평행사변형**이 됩니다.

마름모의 넓이

마름모의 넓이 = {(가로)×(세로)} ÷ 2

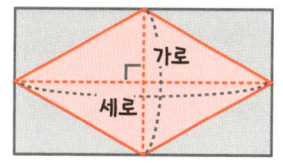

마름모의 넓이
= 큰 사각형의 넓이 ÷ 2
= (한대각선) × (다른 대각선) ÷ 2
       가로   세로

※ 마름모의 각 대각선의 길이로 **큰 사각형**을 그리면 마름모의 2배가 됩니다.

아래 사다리꼴과 마름모의 넓이 구하는 식을 적고, 답을 구하세요.

01.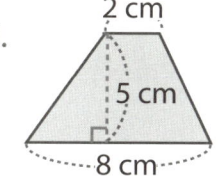
2 cm
5 cm
8 cm

넓이 =
_____
= [ ] cm²

02.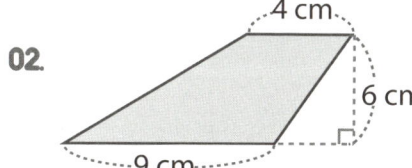
4 cm
6 cm
9 cm

넓이 =
_____
= [ ] cm²

03.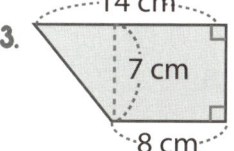
14 cm
7 cm
8 cm

넓이 =
_____
= [ ] cm²

04.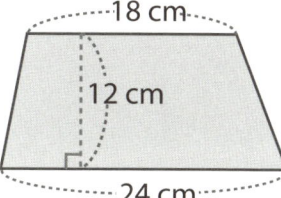
18 cm
12 cm
24 cm

넓이 =
_____
= [ ] cm²

05.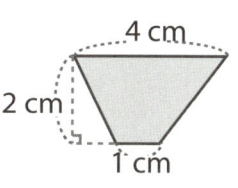
4 cm
2 cm
1 cm

넓이 =
_____
= [ ] cm²

06.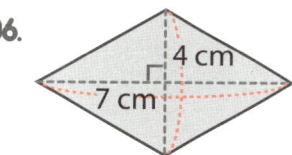
4 cm
7 cm

넓이 =
_____
= [ ] cm²

07.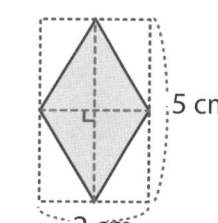
5 cm
2 cm

넓이 =
_____
= [ ] cm²

08.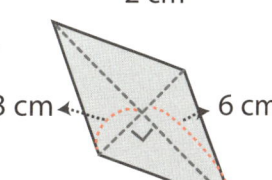
3 cm
6 cm

넓이 =
_____
= [ ] cm²

09.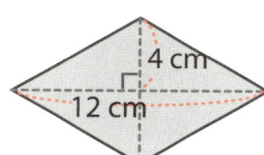
4 cm
12 cm

넓이 =
_____
= [ ] cm²

10.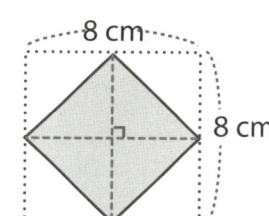
8 cm
8 cm

넓이 =
_____
= [ ] cm²

※ 도형의 넓이 문제는 어렵지 않습니다. 사각형의 넓이 (밑면×높이)만 알면 다른 도형의 넓이도 구할 수 있습니다.

80 다각형의 둘레와 넓이 (연습)

색칠한 도형에 대한 설명을 보고 도형의 이름과 넓이를 구하세요.

01.

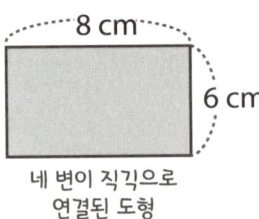

8 cm
6 cm
네 변이 직각으로
연결된 도형

도형
이름 : _____

넓이 = _____ cm²

02.

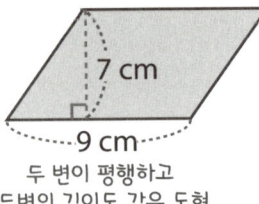

7 cm
9 cm
두 변이 평행하고
두변의 길이도 같은 도형

도형
이름 : _____

넓이 = _____ cm²

03.

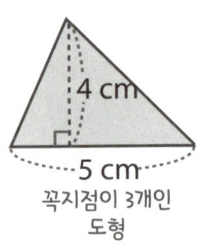

4 cm
5 cm
꼭지점이 3개인
도형

도형
이름 : _____

넓이 = _____ cm²

04.

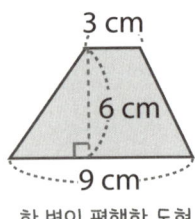

3 cm
6 cm
9 cm
한 변이 평행한 도형

도형
이름 : _____

넓이 = _____ cm²

05.

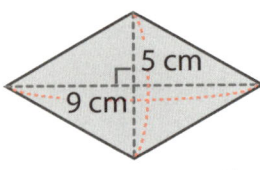

5 cm
9 cm
네 편의 길이가 같은 도형

도형
이름 : _____

넓이 = _____ cm²

06.

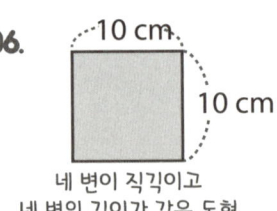

10 cm
10 cm
네 변이 직각이고
네 변의 길이가 같은 도형

도형
이름 : _____

넓이 = _____ cm²

07.

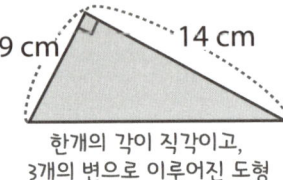

9 cm 14 cm
한개의 각이 직각이고,
3개의 변으로 이루어진 도형

도형
이름 : _____

넓이 = _____ cm²

08.

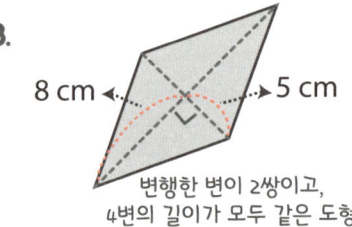

8 cm 5 cm
변행한 변이 2쌍이고,
4변의 길이가 모두 같은 도형

도형
이름 : _____

넓이 = _____ cm²

09.

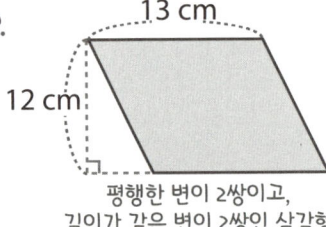

13 cm
12 cm
평행한 변이 2쌍이고,
길이가 같은 변이 2쌍인 삼각형

도형
이름 : _____

넓이 = _____ cm²

10.

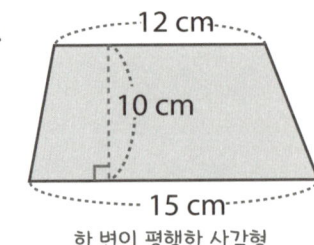

12 cm
10 cm
15 cm
한 변이 평행한 사각형

도형
이름 : _____

넓이 = _____ cm²

※ 도형의 넓이 문제는 어렵지 않습니다. 사각형의 넓이 (밑면×높이)만 알면 다른 도형의 넓이도 구할 수 있습니다.
공식이 생각나지 않는다면, 도형을 연장해 보거나, 똑같은 것을 뒤집어 붙여 보거나 해보세요, 사각형이 나올거예요^^

확인 (틀린 문제의 수를 적고, 약한 부분을 보충하세요.)

회차	틀린문제수
76 회	문제
77 회	문제
78 회	문제
79 회	문제
80 회	문제

생각해보기

앞에서 배운 5회차 내용이 모두 이해 되었나요?

1. 모두 이해되고 자신있다. → 다음 회로 넘어 갑니다.

2. 2~3문제 틀릴 수는 있겠지만 거의 이해한다.
   → 개념부분을 한번 더 읽고 다음 회로 넘어 갑니다.

3. 잘 모르는 것 같다.
   → 개념부분과 틀린문제를 한번 더 보고 다음 회로 넘어 갑니다.

틀린 문제가 있었다면 왜 틀렸을거라고 생각합니까?

1. 개념 설명이 어려워서 잘 모르겠다.   2. 다 아는데 실수한 것 같다.

3. 빨리 끝내고 싶어서 집중할 수가 없다.   4. 하기 싫어서....

오답노트 (앞에서 틀린 문제나 기억하고 싶은 문제를 적습니다.)

회	번
문제	풀이

회	번
문제	풀이

회	번
문제	풀이

회	번
문제	풀이

회	번
문제	풀이

81 진분수 × 자연수

 소리내 읽기

진분수 × 자연수의 계산 원리

$$\frac{2}{5} \times 3 = \frac{2}{5} + \frac{2}{5} + \frac{2}{5}$$
① ×3은 3번 더하는 것과 같습니다.

$$= \frac{2 \times 3}{5}$$
② 분모는 그대로, 분자에 자연수를 곱합니다.

$$= \frac{6}{5} = 1\frac{1}{5}$$
③ 약분 가능하면 기약분수로, 가분수는 대분수로 나타냅니다.

약분은 처음 문제에서 바로 하는 것이 빠릅니다.

방법 ① $\frac{5}{6} \times 3 = \frac{5 \times 3}{6} = \frac{15}{6} = \frac{5}{2} = 2\frac{1}{2}$

방법 ② $\frac{5}{6} \times 3 = \frac{5 \times 3}{6_2} = \frac{5}{2} = 2\frac{1}{2}$

방법 ③ $\frac{5}{6_2} \times 3 = \frac{5}{2} = 2\frac{1}{2}$

※ 앞으로는 방법③으로 계산합니다.

 소리내 풀기

두 분모를 곱하는 방법으로 통분하고, 덧셈하여 값을 구하세요.

01. $\dfrac{1}{6} \times 7 = \dfrac{1 \times \square}{\square} = \dfrac{\square}{\square} = \square\dfrac{\square}{\square}$

02. $\dfrac{3}{8} \times 9 = \dfrac{3 \times \square}{\square} = \dfrac{\square}{\square} = \square\dfrac{\square}{\square}$

03. $\dfrac{2}{5} \times 3 =$

04. $\dfrac{4}{9} \times 4 =$

05. $\dfrac{3}{4} \times 7 =$

06. $\dfrac{1}{7} \times 9 =$

 소리내 풀기

두 분모의 최대공약수를 공통분모하여 통분하고, 덧셈하여 값을 구하세요.

07. $\dfrac{5}{8} \times 4 = \dfrac{5 \times \square}{\square} = \dfrac{\square}{\square} = \dfrac{\square}{\square} = \square\dfrac{\square}{\square}$

$\dfrac{5}{8} \times 4 = \dfrac{5 \times \square}{\square} = \dfrac{\square}{\square} = \dfrac{\square}{\square}$

$\dfrac{5}{8} \times 4 = \dfrac{\square}{\square} = \square\dfrac{\square}{\square}$

08. $\dfrac{9}{10} \times 5 = \dfrac{\square}{\square} = \square\dfrac{\square}{\square}$

09. $\dfrac{4}{9} \times 3 = \dfrac{\square}{\square} = \square\dfrac{\square}{\square}$

10. $\dfrac{4}{21} \times 7 = \dfrac{\square}{\square} = \square\dfrac{\square}{\square}$

※ 분수의 덧셈은 통분이 중요하고, 분수의 곱셈은 약분이 중요합니다. 약분을 언제 할지 잘 생각해 봅니다.

82 대분수 × 자연수

 대분수 × 자연수의 계산 방법 ①

$$2\frac{5}{6} \times 3 = (2 \times 3) + \left(\frac{5}{6} \times \cancel{3}\right)$$
$$= 6 + \frac{5}{2}$$
$$= 6 + 2\frac{1}{2} = 8\frac{1}{2}$$

자연수 부분과 분수 부분에 따로 곱해준 뒤 더합니다.
약분은 분수부분에서만 합니다.

대분수 × 자연수의 계산 방법 ②

$$2\frac{5}{6} \times 3 = \frac{17}{\underset{2}{6}} \times \overset{1}{3}$$
$$= \frac{17}{2}$$
$$= 8\frac{1}{2}$$

대분수를 가분수로 바꾼 후 약분 할 것은 약분하고, 분자와 자연수를 곱합니다.
꼭!!! 가분수로 바꾼 후 약분합니다.

 자연수와 분수를 따로 곱해주는 방법으로 계산한 것입니다. ☐ 안에 알맞은 수를 적으세요.

01. $1\frac{3}{10} \times 5 = (1 \times \boxed{}) + (\frac{3}{10} \times \cancel{\boxed{}})$

$= \boxed{} + \dfrac{\boxed{}}{\boxed{}} = \boxed{}\dfrac{\boxed{}}{\boxed{}}$

02. ①②
$2\frac{1}{9} \times 7 =$ ① $\boxed{}$ + ② $\dfrac{\boxed{}}{\boxed{}} = \boxed{}\dfrac{\boxed{}}{\boxed{}}$

03. ①②
$4\frac{5}{8} \times 2 =$ ① $\boxed{}$ + ② $\dfrac{\cancel{\boxed{}}}{8} = \boxed{} + \boxed{}\dfrac{\boxed{}}{\boxed{}}$

$= \boxed{}\dfrac{\boxed{}}{\boxed{}}$

04. ①②
$1\frac{4}{9} \times 6 =$ ① $\boxed{}$ + ② $\dfrac{\cancel{\boxed{}}}{\cancel{\boxed{}}} = \boxed{} + \boxed{}\dfrac{\boxed{}}{\boxed{}}$

$= \boxed{}\dfrac{\boxed{}}{\boxed{}}$

 대분수를 가분수로 바꿔 곱셈하는 방법으로 계산한 것입니다. ☐ 안에 알맞은 수를 적으세요.

05. $2\frac{1}{4} \times 5 = \dfrac{\boxed{}}{\boxed{}} \times 5 = \dfrac{\boxed{}}{\boxed{}} = \boxed{}\dfrac{\boxed{}}{\boxed{}}$

06. $3\frac{5}{6} \times 2 = \dfrac{\boxed{}}{\boxed{}} \times 2 = \dfrac{\boxed{}}{\boxed{}} = \boxed{}\dfrac{\boxed{}}{\boxed{}}$

※ 꼭 가분수로 만든 후 약분을 합니다.

07. $2\frac{3}{8} \times 4 = \dfrac{\boxed{}}{\boxed{}} \times 4 = \dfrac{\boxed{}}{\boxed{}} = \boxed{}\dfrac{\boxed{}}{\boxed{}}$

08. $4\frac{4}{9} \times 3 = \dfrac{\boxed{}}{\boxed{}} \times 3 = \dfrac{\boxed{}}{\boxed{}} = \boxed{}\dfrac{\boxed{}}{\boxed{}}$

09. $3\frac{1}{8} \times 6 = \dfrac{\boxed{}}{\boxed{}} \times 6 = \dfrac{\boxed{}}{\boxed{}} = \boxed{}\dfrac{\boxed{}}{\boxed{}}$

※ 대분수의 곱셈은 꼭 **분수부분만 약분합니다.** 문제에서 바로 약분하지 마세요!!!
2번~4번 문제와 같이 따로 계산하는 것을 암산으로 해서 바로 계산하도록 합니다.

83 자연수 × 진분수

 진분수 × 자연수의 계산 원리

$$3 \times \frac{2}{5} = \frac{2 \times 3}{5}$$

① 분모는 그대로,
분자에 자연수를 곱합니다.

$$= \frac{6}{5}$$

② 약분 가능하면 기약분수로,
가분수는 대분수로 나타냅니다.

$$= 1\frac{1}{5}$$

③ 분수의 곱셈도
★×□ 와 □×★의 값은 같습니다.

약분은 처음 문제에서 바로 하는 것이 빠릅니다.

방법 ① $3 \times \frac{5}{6} = \frac{3 \times 5}{6} = \frac{15}{6} = \frac{5}{2} = 2\frac{1}{2}$

방법 ② $3 \times \frac{5}{6} = \frac{3 \times 5}{6} = \frac{5}{2} = 2\frac{1}{2}$

방법 ③ $3 \times \frac{5}{6} = \frac{5}{2} = 2\frac{1}{2}$ ※ 앞으로는 방법③으로 계산합니다.

 아래 분수를 계산하고 하세요.

01. $4 \times \frac{6}{7} = \dfrac{\square \times \square}{\square} = \dfrac{\square}{\square} = \square\dfrac{\square}{}$

02. $7 \times \frac{3}{8} = \dfrac{\square \times \square}{\square} = \dfrac{\square}{\square} = \square\dfrac{\square}{}$

03. $3 \times \frac{2}{5} = \dfrac{\square}{\square} = \square\dfrac{\square}{}$

04. $9 \times \frac{1}{4} = \dfrac{\square}{\square} = \square\dfrac{\square}{}$

05. $5 \times \frac{5}{6} = \dfrac{\square}{\square} = \square\dfrac{\square}{}$

06. $8 \times \frac{4}{9} = \dfrac{\square}{\square} = \square\dfrac{\square}{}$

07. $2 \times \frac{5}{6} =$

08. $6 \times \frac{2}{9} =$

09. $5 \times \frac{4}{15} =$

10. $4 \times \frac{7}{18} =$

11. $8 \times \frac{5}{24} =$

12. $9 \times \frac{14}{39} =$

※ 분수의 덧셈은 통분이 중요하고, 분수의 곱셈은 약분이 중요합니다.

이어서 나는 [ ] 을(를) 공부/연습할거야!!

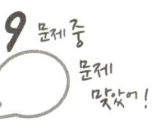
84 자연수 × 대분수

 소리내 읽기

대분수 × 자연수의 계산 방법 ①

$$4 \times 2\frac{5}{6} = (4 \times 2) + (4 \times \frac{5}{6})$$

$$= 8 + \frac{10}{3}$$

$$= 8 + 3\frac{1}{3} = 11\frac{1}{3}$$

3 앞의 자연수를 뒤의 분수에 따로 따로 곱해준 뒤 더 합니다.
약분은 분수에서만 합니다.

대분수 × 자연수의 계산 방법 ②

$$4 \times 2\frac{5}{6} = 4 \times \frac{17}{6}$$

$$= \frac{34}{3}$$

$$= 11\frac{1}{3}$$

대분수를 가분수로 바꾸고, 약분 할 것이 있으면 약분하고 계산합니다.
꼭!!! 가분수로 바꾼 후 약분합니다.

 소리내 풀기

자연수와 분수를 따로 곱해주는 방법으로 계산한 것입니다. ☐ 안에 알맞은 수를 적으세요.

01. $2 \times 2\frac{1}{6} = (\square \times 2) + (\square \times \frac{1}{6})$

$$= \square + \dfrac{\square}{\square} = \square\dfrac{\square}{\square}$$

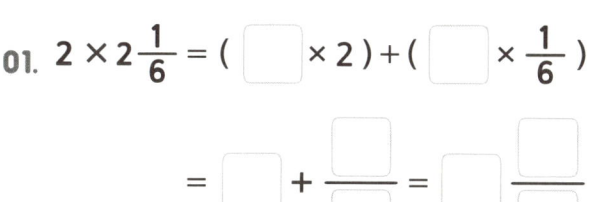

02. $6 \times 3\frac{5}{9} = \square + \dfrac{30}{9} = \square \dfrac{\square}{\square}$

① 6×3   ② 6×$\frac{5}{9}$

03. $8 \times 5\frac{3}{10} = \square + \dfrac{\square}{10} = \square + \dfrac{\square}{5}$

$$= \square \dfrac{\square}{\square}$$

04. $6 \times 4\frac{3}{8} = \square + \dfrac{\square}{\square} = \square + \dfrac{\square}{\square}$

$$= \square \dfrac{\square}{\square}$$

대분수를 가분수로 바꿔 곱셈하는 방법으로 계산한 것입니다. ☐ 안에 알맞은 수를 적으세요.

05. $3 \times 2\frac{5}{9} = 3 \times \dfrac{23}{9} = \dfrac{\square}{\square} = \square \dfrac{\square}{\square}$

06. $9 \times 2\frac{1}{6} = 9 \times \dfrac{\square}{6} = \dfrac{\square}{\square} = \square \dfrac{\square}{\square}$

07. $7 \times 6\frac{9}{14} = 7 \times \dfrac{\square}{\square} = \dfrac{\square}{\square} = \square \dfrac{\square}{\square}$

08. $2 \times 7\frac{4}{16} = 2 \times \dfrac{\square}{\square} = \dfrac{\square}{\square} = \square \dfrac{\square}{\square}$

09. $5 \times 3\frac{4}{20} = 5 \times \dfrac{\square}{\square} = \dfrac{\square}{\square} = \square$

※ 2번~4번 문제는 따로따로 곱하는 것을 암산으로 계산한 것입니다.
암산 할 수 있는 것은 암산하세요^^

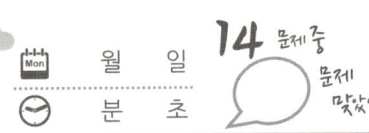
85 분수의 곱셈 (생각문제1)

 소리내 읽기

문제) 사과 한상자에 $2\frac{1}{12}$ kg씩 들어있습니다. 8 상자에 들어있는 사과의 무게는 몇 kg일까요?

풀이) 사과 한상자의 무게 = $2\frac{1}{12}$ kg   상자 수 = 8

사과 무게 = 1 상자의 무게 × 상자 수 이므로

식은 $2\frac{1}{12} \times 8$ 이고 값은 $16\frac{2}{3}$ 입니다.

식) $2\frac{1}{12} \times 8$ 답) $16\frac{2}{3}$

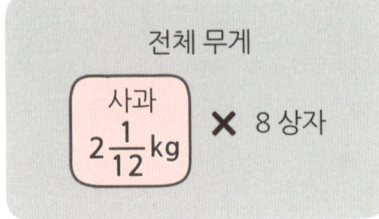
전체 무게
사과 $2\frac{1}{12}$ kg × 8 상자

 소리내 풀기

아래의 문제를 풀어보세요.

01. $4\frac{3}{5}$ m인 철사가 10 개 있습니다. 이 철사 10 개를 모두 겹치지 않게 한 줄로 이으면 전체 길이는 몇 m가 될까요?

(식 2점 답 1점)

풀이)

식) _____   답) _____

02. 우리집에서 학교까지는 $2\frac{4}{5}$ km입니다. 집에서 학교까지 $\frac{2}{7}$ 만큼 걸어 왔다면 몇 km를 온 것일까요?

(식 2점 답 1점)

풀이)

식) _____   답) _____

03. 정민이 몸무게는 30Kg이고, 아버지의 몸무게는 정민이 보다 $1\frac{5}{6}$ 배 더 무겁다고 합니다. 아버지는 몇 kg일까요?

(식 2점 답 1점)

풀이)

식) _____   답) _____

04. 내가 문제를 만들어 풀어 봅니다. (분수의 곱셈)

(문제 2점 식 2점 답 1점)

풀이)

식) _____   답) _____

※ 답 적을때 단위 적는 것을 빼먹지 않습니다.

확인 (틀린 문제의 수를 적고, 약한 부분을 보충하세요.)

회차	틀린문제수
81 회	문제
82 회	문제
83 회	문제
84 회	문제
85 회	문제

생각해보기

앞에서 배운 5회차 내용이 모두 이해 되었나요?

1. 모두 이해되고 자신있다. → 다음 회로 넘어 갑니다.

2. 2~3문제 틀릴 수는 있겠지만 거의 이해한다.
   → 개념부분을 한번 더 읽고 다음 회로 넘어 갑니다.

3. 잘 모르는 것 같다.
   → 개념부분과 틀린문제를 한번 더 보고 다음 회로 넘어 갑니다.

틀린 문제가 있었다면 왜 틀렸을거라고 생각합니까?

1. 개념 설명이 어려워서 잘 모르겠다.   2. 다 아는데 실수한 것 같다.

3. 빨리 끝내고 싶어서 집중할 수가 없다.   4. 하기 싫어서....

오답노트 (앞에서 틀린 문제나 기억하고 싶은 문제를 적습니다.)

회	번
문제	풀이

회	번
문제	풀이

회	번
문제	풀이

회	번
문제	풀이

회	번
문제	풀이

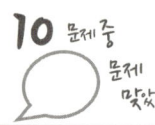
86 진분수 × 진분수

소리내 읽기

진분수의 곱셈 :

분자는 분자끼리, 분모는 분모끼리 곱합니다.

$$\frac{2}{5} \times \frac{3}{4} = \frac{2 \times 3}{5 \times 4}$$

① 분모는 분모끼리
분자는 분자끼리 곱합니다.

$$= \frac{6}{20} = \frac{3}{10}$$

② 진분수끼리 곱의 값은 두 진분수보다 작습니다.
$\frac{2}{5}$ 에서 $\frac{3}{4}$인 값입니다.

$$\frac{\blacksquare}{\bigstar} \times \frac{\bigcirc}{\triangle} = \frac{\blacksquare \times \bigcirc}{\bigstar \times \triangle}$$

단위분수의 곱셈 :

분자는 1, 분모는 분모끼리 곱합니다.

$$\frac{1}{5} \times \frac{1}{4} = \frac{1}{5 \times 4} \left(\frac{1 \times 1}{5 \times 4} \right)$$

① 분자는 1×1이므로 1,
분모는 분모끼리 곱합니다.

$$= \frac{1}{20}$$

② 단위분수끼리 곱의 값도 두 단위분수보다 작습니다.

$$\frac{1}{\bigstar} \times \frac{1}{\triangle} = \frac{1}{\bigstar \times \triangle}$$

소리내 풀기

진분수와 진분수의 곱셈을 계산하여
값을 구하세요.

01. $\frac{2}{3} \times \frac{1}{4} = \frac{\square \times \square}{\square \times \square} = \frac{\square}{\square}$

※ 약분 가능하면 문제에서 바로 약분합니다.

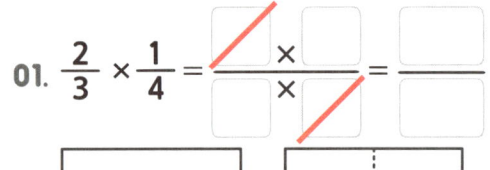

$\frac{2}{3}$

$\frac{2}{3}$ 중에서 $\frac{1}{4}$인 값입니다.

02. $\frac{1}{4} \times \frac{3}{5} = \frac{\square \times \square}{\square \times \square} = \frac{\square}{\square}$

$\frac{1}{4}$ 중에서 $\frac{3}{5}$인 값

03. $\frac{\cancel{3}}{5} \times \frac{2}{\cancel{3}} =$

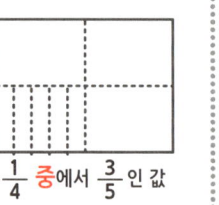

$\frac{3}{5}$ 중에서 $\frac{2}{3}$인 값

04. $\frac{1}{2} \times \frac{3}{5} =$

05. $\frac{3}{7} \times \frac{5}{8} =$

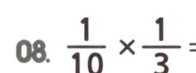

단위분수와 단위분수의 곱을 계산하여
값을 적으세요.

06. $\frac{1}{3} \times \frac{1}{4} = \frac{\square}{\square \times \square} = \frac{\square}{\square}$

$\frac{1}{3}$

$\frac{1}{3}$ 중에서 $\frac{1}{4}$인 값입니다.

07. $\frac{1}{5} \times \frac{1}{2} = \frac{\square}{\square \times \square} = \frac{\square}{\square}$

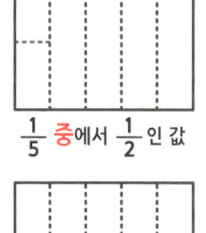

$\frac{1}{5}$ 중에서 $\frac{1}{2}$인 값

08. $\frac{1}{10} \times \frac{1}{3} =$

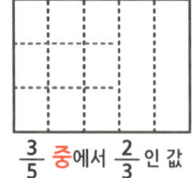

$\frac{1}{10}$ 중에서 $\frac{1}{3}$인 값

09. $\frac{1}{8} \times \frac{1}{8} =$

10. $\frac{1}{6} \times \frac{1}{7} =$

이어서 나는 [   ]을(를) 공부/연습할거야!!

 대분수의 곱셈 :
대분수를 **가분수**로 고쳐 계산합니다.

$2\dfrac{1}{3} \times 1\dfrac{3}{7} = \dfrac{7}{3} \times \dfrac{10}{7}$ ① **대분수**를 **가분수**로 바꿉니다.

$= \dfrac{7 \times 10}{3 \times 7}$ ② **분모**와 **분자**를 끼리끼리 곱합니다

$= \dfrac{10}{3} = 3\dfrac{1}{3}$

대분수의 약분 :
대분수 끼리는 **약분 할 수 없습니다.**

$2\dfrac{1}{3} \times 1\dfrac{3}{7} = 2\dfrac{2}{1} \times 1\dfrac{1}{7}$ ※ **대분수**에서 바로 **약분**하면 안됩니다.

$2\dfrac{1}{3} \times 1\dfrac{3}{7} = \dfrac{7}{3} \times \dfrac{10}{7}$ ※ **꼭!!!** **가분수**로 바꿔서 **약분**합니다.

 대분수와 대분수의 곱셈을 계산하여 값을 구하세요.

01. $2\dfrac{2}{5} \times 1\dfrac{5}{9} = \dfrac{}{} \times \dfrac{}{} = \dfrac{ \times }{ \times }$

※ 꼭!!! 가분수에서 약분합니다.

$= \dfrac{}{} = \dfrac{}{}$

02. $2\dfrac{1}{8} \times 1\dfrac{1}{3} = \dfrac{}{} \times \dfrac{}{}$

$= \dfrac{}{} = \dfrac{}{}$

03. $2\dfrac{1}{7} \times \dfrac{5}{6} =$

04. $\dfrac{2}{15} \times 1\dfrac{1}{4} =$

05. $4\dfrac{1}{6} \times 1\dfrac{1}{15} =$

06. $1\dfrac{1}{9} \times 1\dfrac{1}{2} =$

07. $2\dfrac{1}{12} \times 2\dfrac{2}{5} =$

08. $4\dfrac{1}{8} \times \dfrac{2}{11} =$

09. $2\dfrac{2}{21} \times 6\dfrac{3}{4} =$

10. $2\dfrac{1}{16} \times 1\dfrac{7}{9} =$

※ 분수의 곱셈에서 제일 주의 해야 할 것 : 꼭!!! 가분수에서 약분합니다. 대분수에서는 약분하면 안돼요!!!

소리내
읽기

자연수와 진분수의 곱셈
자연수를 분모가 1인 분수로 생각하고 계산합니다

$$\frac{2}{5} \times 3 = \frac{2}{5} \times \frac{3}{1} = \frac{2 \times 3}{5 \times 1} = \frac{6}{5} = 1\frac{1}{5}$$

$$3 \times \frac{2}{5} = \frac{3}{1} \times \frac{2}{5} = \frac{3 \times 2}{1 \times 5} = \frac{6}{5} = 1\frac{1}{5}$$

자연수 3을 분수 $\frac{3}{1}$ 로 바꿔 분모끼리 , 분자끼리 곱합니다.

자연수와 대분수의 곱셈
자연수와 대분수를 모두 가분수로 바꿔 계산합니다.

$$1\frac{1}{4} \times 2 = \frac{5}{4} \times \frac{2}{1} = \frac{5 \times \overset{1}{2}}{\underset{2}{4} \times 1} = \frac{5}{2} = 2\frac{1}{2}$$

$$2 \times 1\frac{1}{4} = \frac{2}{1} \times \frac{5}{4} = \frac{\overset{1}{2} \times 5}{1 \times \underset{2}{4}} = \frac{5}{2} = 2\frac{1}{2}$$

꼭!!! 자연수나 대분수를 가분수로 바꾼 후 약분합니다.

소리내
풀기

자연수와 진분수의 곱셈을 계산하여
값을 구하세요.

01. $\dfrac{2}{3} \times 5 = \dfrac{2}{3} \times \dfrac{\boxed{}}{\boxed{}} = \dfrac{\boxed{} \times}{\boxed{} \times}$

$= \dfrac{\boxed{}}{\boxed{}} = \boxed{} \dfrac{\boxed{}}{\boxed{}}$

02. $\dfrac{2}{3} \times 7 = \dfrac{2}{3} \times \dfrac{\boxed{}}{\boxed{}} = \dfrac{\boxed{}}{\boxed{}} = \boxed{} \dfrac{\boxed{}}{\boxed{}}$

03. $4 \times \dfrac{2}{3} = \dfrac{\boxed{}}{\boxed{}} \times \dfrac{2}{3} = \dfrac{\boxed{}}{\boxed{}} = \boxed{} \dfrac{\boxed{}}{\boxed{}}$

04. $\dfrac{2}{3} \times 6 =$

05. $9 \times \dfrac{2}{3} =$

소리내
풀기

자연수와 대분수의 곱을 계산하여
값을 적으세요.

06. $3\dfrac{1}{12} \times 4 = \dfrac{\boxed{}}{\boxed{}} \times \dfrac{\boxed{}}{\boxed{}} = \dfrac{\boxed{} \times}{\boxed{} \times}$

※ 꼭!!! 가분수에서 약분합니다.

$= \dfrac{\boxed{}}{\boxed{}} = \boxed{} \dfrac{\boxed{}}{\boxed{}}$

07. $6 \times 1\dfrac{5}{9} = \dfrac{\boxed{}}{\boxed{}} \times \dfrac{\boxed{}}{\boxed{}}$

$= \dfrac{\boxed{}}{\boxed{}} = \boxed{} \dfrac{\boxed{}}{\boxed{}}$

08. $2\dfrac{2}{15} \times 10 =$

09. $2 \times 1\dfrac{7}{16} =$

※ 자연수를 진분수로 고쳐 곱하는 것은 원리를 알기 위한 것입니다. 앞으로는 암산으로 계산하도록 합니다.
대분수가 있을때만 가분수로 고쳐 약분하고 곱하고, 대분수가 없으면 식에서 바로 약분하고 계산합니다.

 아래를 계산하여 값을 구하세요.

01. $10 \times \dfrac{2}{15} =$

02. $\dfrac{3}{8} \times 9 =$

03. $\dfrac{1}{3} \times \dfrac{3}{5} =$

04. $\dfrac{1}{2} \times \dfrac{8}{9} =$

05. $6 \times 1\dfrac{1}{24} =$

06. $2\dfrac{1}{9} \times 7 =$

07. $\dfrac{5}{6} \times 3\dfrac{4}{5} =$

08. $\dfrac{2}{15} \times 4\dfrac{1}{9} =$

09. $2\dfrac{1}{5} \times \dfrac{3}{4} =$

10. $3\dfrac{1}{6} \times \dfrac{3}{6} =$

11. $2\dfrac{1}{4} \times 4\dfrac{2}{9} =$

12. $3\dfrac{2}{3} \times 2\dfrac{2}{5} =$

13. $6\dfrac{5}{9} \times 1\dfrac{1}{5} =$

14. $1\dfrac{1}{5} \times 5\dfrac{3}{4} =$

15. $4\dfrac{1}{6} \times 2\dfrac{1}{10} =$

16. $1\dfrac{3}{4} \times 3\dfrac{1}{3} =$

17. $3\dfrac{3}{7} \times 1\dfrac{1}{6} =$

18. $2\dfrac{2}{9} \times 3\dfrac{3}{8} =$

19. $8\dfrac{1}{6} \times 1\dfrac{1}{14} =$

20. $4\dfrac{3}{8} \times 3\dfrac{11}{15} =$

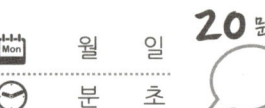
 소리내 풀기 아래를 계산하여 값을 구하세요.

01. $6 \times \dfrac{2}{15} =$

02. $\dfrac{5}{12} \times 4 =$

03. $\dfrac{8}{9} \times \dfrac{1}{16} =$

04. $\dfrac{1}{8} \times \dfrac{3}{7} =$

05. $7 \times 1\dfrac{1}{28} =$

06. $2\dfrac{1}{20} \times 8 =$

07. $\dfrac{5}{9} \times 4\dfrac{1}{2} =$

08. $\dfrac{4}{5} \times 4\dfrac{1}{6} =$

09. $2\dfrac{1}{7} \times \dfrac{2}{3} =$

10. $3\dfrac{1}{9} \times \dfrac{3}{14} =$

11. $2\dfrac{2}{5} \times 3\dfrac{1}{18} =$

12. $3\dfrac{4}{7} \times 3\dfrac{4}{15} =$

13. $6\dfrac{2}{9} \times 4\dfrac{1}{2} =$

14. $1\dfrac{1}{4} \times 4\dfrac{2}{25} =$

15. $4\dfrac{1}{8} \times 2\dfrac{1}{3} =$

16. $1\dfrac{3}{5} \times 3\dfrac{1}{5} =$

17. $3\dfrac{7}{9} \times 1\dfrac{4}{17} =$

18. $2\dfrac{4}{7} \times 1\dfrac{2}{9} =$

19. $8\dfrac{2}{3} \times 2\dfrac{1}{39} =$

20. $2\dfrac{11}{12} \times 1\dfrac{3}{25} =$

확인 (틀린 문제의 수를 적고, 약한 부분을 보충하세요.)

회차	틀린문제수
86 회	문제
87 회	문제
88 회	문제
89 회	문제
90 회	문제

생각해보기

앞에서 배운 5회차 내용이 모두 이해 되었나요?

1. 모두 이해되고 자신있다. → 다음 회로 넘어 갑니다.

2. 2~3문제 틀릴 수는 있겠지만 거의 이해한다.
   → 개념부분을 한번 더 읽고 다음 회로 넘어 갑니다.

3. 잘 모르는 것 같다.
   → 개념부분과 틀린문제를 한번 더 보고 다음 회로 넘어 갑니다.

틀린 문제가 있었다면 왜 틀렸을거라고 생각합니까?

1. 개념 설명이 어려워서 잘 모르겠다.   2. 다 아는데 실수한 것 같다.

3. 빨리 끝내고 싶어서 집중할 수가 없다.   4. 하기 싫어서....

오답노트 (앞에서 틀린 문제나 기억하고 싶은 문제를 적습니다.)

회	번
문제	풀이

회	번
문제	풀이

회	번
문제	풀이

회	번
문제	풀이

회	번
문제	풀이

 아래를 계산하여 값을 구하세요.

01. $5 \times 1\dfrac{8}{9} =$

02. $3 \times \dfrac{6}{7} =$

03. $\dfrac{5}{8} \times 6 =$

04. $1\dfrac{2}{3} \times 9 =$

05. $\dfrac{4}{9} \times \dfrac{3}{20} =$

06. $\dfrac{5}{7} \times \dfrac{2}{5} =$

07. $\dfrac{7}{9} \times 3\dfrac{3}{4} =$

08. $\dfrac{3}{8} \times 1\dfrac{5}{9} =$

09. $2\dfrac{1}{2} \times \dfrac{7}{30} =$

10. $4\dfrac{1}{6} \times \dfrac{3}{4} =$

11. $3\dfrac{1}{7} \times 9\dfrac{5}{8} =$

12. $1\dfrac{5}{9} \times 3\dfrac{3}{4} =$

13. $2\dfrac{2}{3} \times 3\dfrac{1}{4} =$

14. $4\dfrac{7}{8} \times 2\dfrac{4}{9} =$

15. $5\dfrac{3}{4} \times 1\dfrac{1}{3} =$

16. $2\dfrac{4}{5} \times 2\dfrac{1}{4} =$

17. $4\dfrac{5}{6} \times 1\dfrac{1}{11} =$

18. $1\dfrac{7}{15} \times 4\dfrac{7}{12} =$

19. $3\dfrac{9}{32} \times 1\dfrac{9}{35} =$

20. $3\dfrac{6}{49} \times 3\dfrac{4}{15} =$

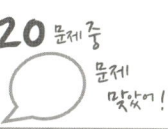

 아래를 계산하여 값을 구하세요.

01. $2 \times 1\frac{3}{8} =$

02. $3 \times \frac{3}{5} =$

03. $\frac{2}{9} \times 6 =$

04. $8\frac{1}{2} \times 4 =$

05. $\frac{5}{6} \times \frac{3}{4} =$

06. $\frac{2}{7} \times \frac{5}{8} =$

07. $\frac{9}{14} \times 1\frac{7}{15} =$

08. $\frac{3}{10} \times 1\frac{4}{21} =$

09. $4\frac{4}{7} \times \frac{5}{16} =$

10. $5\frac{1}{25} \times \frac{5}{12} =$

11. $3\frac{3}{8} \times 1\frac{2}{18} =$

12. $7\frac{1}{2} \times 3\frac{4}{9} =$

13. $4\frac{2}{5} \times 2\frac{3}{11} =$

14. $6\frac{9}{10} \times 2\frac{2}{9} =$

15. $1\frac{3}{7} \times 1\frac{1}{20} =$

16. $5\frac{5}{6} \times 1\frac{4}{15} =$

17. $9\frac{1}{3} \times 1\frac{1}{14} =$

18. $2\frac{4}{13} \times 4\frac{7}{15} =$

19. $2\frac{7}{19} \times 1\frac{11}{27} =$

20. $3\frac{1}{9} \times 5\frac{4}{7} =$

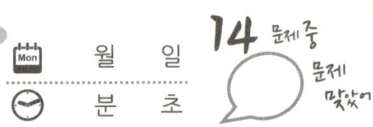

문제) 흰 상자의 무게는 $2\frac{1}{12}$ kg이었습니다. 붉은 박스의 무게는 흰 상자의 $1\frac{1}{5}$ 배일때 붉은 박스는 몇 kg일까요?

풀이) 흰 상자의 무게 = $2\frac{1}{12}$ kg

붉은 상자 = 흰상자의 무게 × 배 이므로

식은 $2\frac{1}{12} \times 1\frac{1}{5}$ 이고 값은 $2\frac{1}{2}$ 입니다.

식) $2\frac{1}{12} \times 1\frac{1}{5}$ 답) $2\frac{1}{2}$

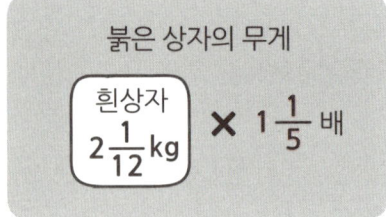

붉은 상자의 무게

흰상자 $2\frac{1}{12}$ kg × $1\frac{1}{5}$ 배

아래의 문제를 풀어보세요.

01. 민지네 반 학생의 $\frac{3}{5}$ 은 남학생이고, 남학생의 $\frac{1}{6}$ 은 안경을 씁니다. 민지네 반 학생 중에서 안경을 쓴 남학생은 몇 분의 몇 인가요?
(식 2점 / 답 1점)

풀이)

식) ＿＿＿＿＿＿   답) ＿＿＿＿＿＿

02. 직사각형에서 한변의 길이가 $2\frac{1}{7}$ cm이고, 다른 한변의 길이는 $2\frac{4}{5}$ cm일때 이 직사격형의 넓이를 구하세요.
(식 2점 / 답 1점)

풀이)

식) ＿＿＿＿＿＿   답) ＿＿＿＿＿＿

03. 고무공을 $4\frac{2}{3}$ m 높이에서 떨어트렸더니 처음 높이의 $\frac{5}{8}$ 만큼 튀어 올랐습니다. 튀어 오른 공의 높이는 몇 m일까요?
(식 2점 / 답 1점)

풀이)

식) ＿＿＿＿＿＿   답) ＿＿＿＿＿＿

04. 내가 문제를 만들어 풀어 봅니다. (분수의 곱셈)

풀이)
(문제 2점 / 식 2점 / 답 1점)

식) ＿＿＿＿＿＿   답) ＿＿＿＿＿＿

※ 답 적을 때 단위를 안 적으면 틀린 답 입니다.

94 분수 3개의 곱셈

 분수 3개의 곱셈

① 두 분수씩 계산하거나

$$\frac{1}{7} \times \frac{5}{8} \times \frac{7}{10} = \left(\frac{1}{7} \times \frac{5}{8}\right) \times \frac{7}{10} = \frac{\overset{1}{5}}{\underset{8}{56}} \times \frac{\overset{1}{7}}{\underset{2}{10}} = \frac{1}{16}$$

② 한번에 계산합니다.

$$\frac{1}{7} \times \frac{5}{8} \times \frac{7}{10} = \frac{1 \times 5 \times \overset{1}{7}}{\underset{1}{7} \times 8 \times \underset{2}{10}} = \frac{1}{16}$$

분수 3개의 곱셈에 자연수와 대분수가 있으면 자연수와 대분수를 모두 가분수로 바꿔 계산합니다.

$$1\frac{3}{4} \times 2 \times \frac{1}{7} = \left(\frac{7}{4}_2 \times \frac{\overset{1}{2}}{1}\right) \times \frac{1}{7} = \frac{\overset{1}{7}}{2} \times \frac{1}{7}_1 = \frac{1}{2}$$

$$1\frac{3}{4} \times 2 \times \frac{1}{7} = \frac{\overset{1}{7}}{4}_2 \times \frac{\overset{1}{2}}{1} \times \frac{1}{7}_1 = \frac{1}{2}$$

꼭!!! **자연수**나 **대분수**를 **가분수**로 바꾼 후 **약분**합니다.

 진분수 3개의 곱셈을 계산하여 값을 구하세요.

01. $\dfrac{2}{7} \times \dfrac{1}{4} \times \dfrac{5}{6} = \dfrac{}{} \times \dfrac{5}{6} = \dfrac{}{}$

02. $\dfrac{3}{4} \times \dfrac{5}{9} \times \dfrac{14}{15} = \dfrac{}{} \times \dfrac{14}{15} = \dfrac{}{}$

03. $\dfrac{2}{3} \times \dfrac{9}{10} \times \dfrac{5}{18} = \dfrac{}{}$

04. $\dfrac{7}{9} \times \dfrac{1}{2} \times \dfrac{6}{14} = \dfrac{}{}$

05. $\dfrac{8}{15} \times \dfrac{3}{14} \times \dfrac{7}{16} =$

06. $\dfrac{10}{21} \times \dfrac{3}{5} \times \dfrac{7}{30} =$

 자연수와 분수의 곱을 계산하여 값을 적으세요.

07. $6\dfrac{2}{3} \times 5 \times \dfrac{1}{15} = \dfrac{}{} \times \dfrac{}{} \times \dfrac{}{}$

※ 꼭!!! 가분수에서 약분합니다.

$= \dfrac{}{} = \dfrac{}{}$

08. $9 \times \dfrac{1}{6} \times 4\dfrac{1}{3} = \dfrac{}{} \times \dfrac{}{} \times \dfrac{}{}$

※ 꼭!!! 가분수에서 약분합니다.

$= \dfrac{}{} = \dfrac{}{}$

09. $5\dfrac{1}{3} \times \dfrac{1}{10} \times 5 =$

10. $4\dfrac{2}{7} \times 5 \times 2\dfrac{1}{3} =$

※ 대분수가 없으면 바로 약분하고, 암산 할 수 있는 것은 암산하고, 계산단계를 줄이도록 연습해 봅니다.

 아래를 계산하여 값을 구하세요.

01. $5 \times 4 \times \dfrac{1}{30} =$

02. $\dfrac{5}{18} \times 3 \times 2 =$

03. $8 \times \dfrac{7}{24} \times 4 =$

04. $6 \times \dfrac{5}{9} \times \dfrac{3}{8} =$

05. $\dfrac{7}{12} \times 9 \times \dfrac{6}{14} =$

06. $\dfrac{5}{6} \times \dfrac{3}{15} \times 8 =$

07. $\dfrac{3}{5} \times \dfrac{21}{25} \times \dfrac{5}{9} =$

08. $\dfrac{7}{8} \times \dfrac{11}{18} \times \dfrac{16}{33} =$

09. $\dfrac{1}{4} \times \dfrac{5}{16} \times \dfrac{8}{25} =$

10. $\dfrac{5}{12} \times \dfrac{3}{10} \times \dfrac{4}{9} =$

11. $7 \times \dfrac{4}{9} \times 1\dfrac{1}{21} =$

12. $3\dfrac{3}{8} \times 9 \times \dfrac{5}{6} =$

13. $\dfrac{1}{4} \times 5\dfrac{3}{5} \times 6 =$

14. $\dfrac{5}{12} \times 1\dfrac{3}{22} \times 2\dfrac{2}{15} =$

15. $5\dfrac{4}{7} \times \dfrac{5}{24} \times 2\dfrac{2}{5} =$

16. $1\dfrac{7}{20} \times 4\dfrac{4}{9} \times \dfrac{5}{14} =$

17. $4\dfrac{2}{5} \times \dfrac{2}{99} \times 3\dfrac{1}{18} =$

18. $2\dfrac{6}{7} \times 1\dfrac{1}{27} \times 3\dfrac{7}{12} =$

19. $1\dfrac{13}{37} \times 3\dfrac{7}{10} \times 1\dfrac{1}{30} =$

20. $2\dfrac{1}{4} \times 1\dfrac{1}{54} \times 8\dfrac{4}{25} =$

확인 (틀린 문제의 수를 적고, 약한 부분을 보충하세요.)

회차	틀린문제수
91 회	문제
92 회	문제
93 회	문제
94 회	문제
95 회	문제

생각해보기

앞에서 배운 5회차 내용이 모두 이해 되었나요?

1. 모두 이해되고 자신있다. → 다음 회로 넘어 갑니다.

2. 2~3문제 틀릴 수는 있겠지만 거의 이해한다.
   → 개념부분을 한번 더 읽고 다음 회로 넘어 갑니다.

3. 잘 모르는 것 같다.
   → 개념부분과 틀린문제를 한번 더 보고 다음 회로 넘어 갑니다.

틀린 문제가 있었다면 왜 틀렸을거라고 생각합니까?

1. 개념 설명이 어려워서 잘 모르겠다.   2. 다 아는데 실수한 것 같다.

3. 빨리 끝내고 싶어서 집중할 수가 없다.   4. 하기 싫어서....

오답노트 (앞에서 틀린 문제나 기억하고 싶은 문제를 적습니다.)

회	번
문제	풀이

회	번
문제	풀이

회	번
문제	풀이

회	번
문제	풀이

회	번
문제	풀이

96 분수 3개의 곱셈 (연습2)

 아래를 계산하여 값을 구하세요.

01. $5 \times 6 \times \dfrac{10}{27} =$

02. $\dfrac{1}{9} \times 4 \times 3 =$

03. $8 \times \dfrac{5}{36} \times 2 =$

04. $7 \times \dfrac{25}{42} \times \dfrac{6}{35} =$

05. $\dfrac{3}{4} \times 9 \times \dfrac{1}{12} =$

06. $\dfrac{7}{8} \times \dfrac{4}{21} \times 6 =$

07. $\dfrac{2}{3} \times \dfrac{4}{5} \times \dfrac{5}{6} =$

08. $\dfrac{3}{8} \times \dfrac{7}{12} \times \dfrac{2}{3} =$

09. $\dfrac{5}{12} \times \dfrac{5}{9} \times \dfrac{21}{25} =$

10. $\dfrac{4}{7} \times \dfrac{9}{20} \times \dfrac{5}{21} =$

11. $12 \times \dfrac{5}{6} \times 1\dfrac{1}{9} =$

12. $4\dfrac{2}{3} \times 1 \times \dfrac{5}{21} =$

13. $\dfrac{1}{15} \times 4\dfrac{3}{7} \times 14 =$

14. $\dfrac{3}{8} \times 6\dfrac{4}{9} \times 1\dfrac{1}{3} =$

15. $8\dfrac{1}{6} \times \dfrac{5}{14} \times 1\dfrac{3}{5} =$

16. $1\dfrac{1}{3} \times 4\dfrac{5}{16} \times \dfrac{4}{7} =$

17. $2\dfrac{3}{4} \times 1\dfrac{2}{5} \times 2\dfrac{2}{3} =$

18. $4\dfrac{1}{2} \times 1\dfrac{5}{9} \times 3\dfrac{3}{5} =$

19. $5\dfrac{1}{7} \times 2\dfrac{1}{12} \times 1\dfrac{1}{15} =$

20. $1\dfrac{7}{9} \times 3\dfrac{7}{15} \times 1\dfrac{7}{8} =$

  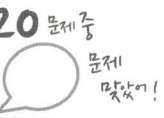

Mon 월 일
분 초
20 문제 중 문제 맞았어!

 아래를 계산하여 값을 구하세요.

01. $9 \times 8 \times \dfrac{1}{27} =$

02. $\dfrac{1}{12} \times 2 \times 3 =$

03. $7 \times \dfrac{4}{21} \times 5 =$

04. $6 \times \dfrac{2}{15} \times \dfrac{5}{9} =$

05. $\dfrac{1}{8} \times 2 \times \dfrac{1}{14} =$

06. $\dfrac{1}{16} \times \dfrac{8}{9} \times 4 =$

07. $\dfrac{1}{21} \times \dfrac{14}{15} \times \dfrac{5}{6} =$

08. $\dfrac{3}{5} \times \dfrac{5}{6} \times \dfrac{2}{9} =$

09. $\dfrac{1}{2} \times \dfrac{2}{9} \times \dfrac{3}{8} =$

10. $\dfrac{14}{25} \times \dfrac{10}{21} \times \dfrac{5}{12} =$

11. $6 \times \dfrac{5}{8} \times 3\dfrac{1}{15} =$

12. $1\dfrac{5}{9} \times 15 \times \dfrac{1}{6} =$

13. $\dfrac{3}{5} \times 2\dfrac{1}{7} \times 2 =$

14. $\dfrac{1}{2} \times 3\dfrac{3}{4} \times 1\dfrac{2}{3} =$

15. $4\dfrac{1}{6} \times \dfrac{7}{30} \times 2\dfrac{5}{14} =$

16. $3\dfrac{4}{7} \times 1\dfrac{5}{8} \times \dfrac{7}{10} =$

17. $1\dfrac{1}{6} \times 2\dfrac{2}{3} \times 1\dfrac{1}{4} =$

18. $3\dfrac{1}{5} \times \dfrac{3}{10} \times 2\dfrac{5}{12} =$

19. $1\dfrac{3}{10} \times 4\dfrac{1}{6} \times 2\dfrac{4}{13} =$

20. $\dfrac{1}{8} \times 2\dfrac{2}{9} \times 3\dfrac{3}{4} =$

🍎 소리내 풀기 아래 문제를 풀어서 값을 빈칸에 적으세요.

01.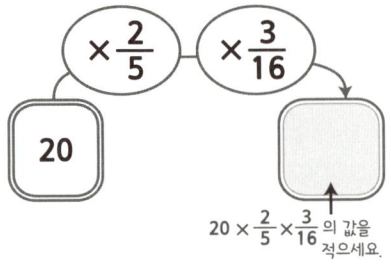

20

$20 \times \frac{2}{5} \times \frac{3}{16}$ 의 값을 적으세요.

02.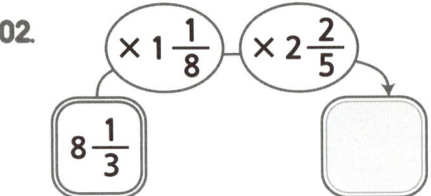

$8\frac{1}{3}$

03.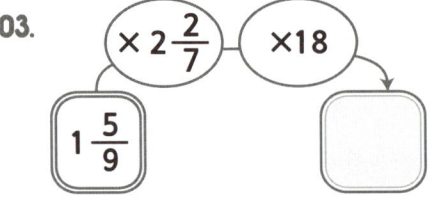

$1\frac{5}{9}$

04.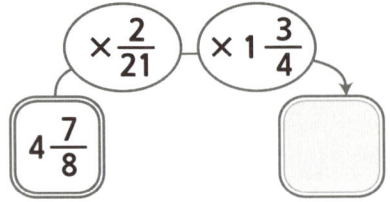

$4\frac{7}{8}$

05.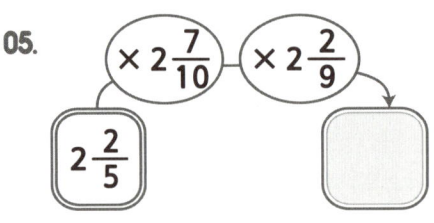

$2\frac{2}{5}$

06.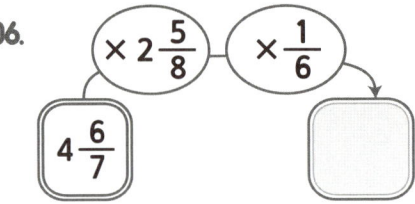

$4\frac{6}{7}$

07.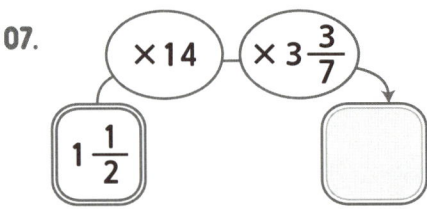

$1\frac{1}{2}$

08.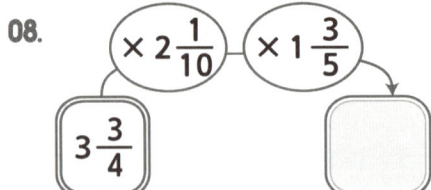

$3\frac{3}{4}$

09.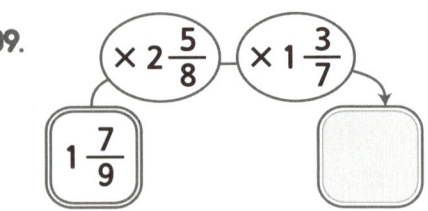

$1\frac{7}{9}$

10.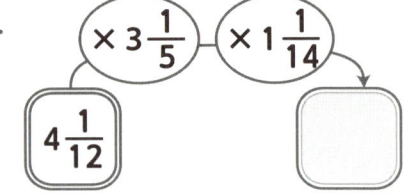

$4\frac{1}{12}$

11.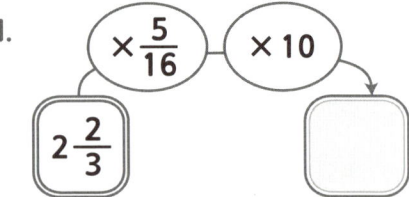

$2\frac{2}{3}$

12.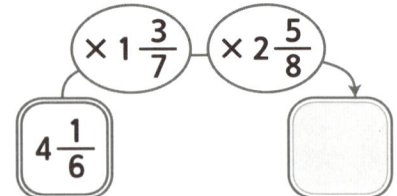

$4\frac{1}{6}$

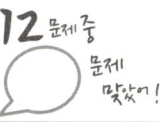
 보기와 같이 옆의 분수 3개를 곱하여 빈칸을 채우고, 밑으로 분수 3개를 곱하여 빈칸에 값을 적으세요.

01.

⊗ →

$10 \times \frac{1}{8} \times 2\frac{4}{5}$ 의 값을 적으세요.

10	$\frac{1}{8}$	$2\frac{4}{5}$	④
$2\frac{1}{3}$	$3\frac{3}{7}$	$\frac{1}{6}$	⑤
$1\frac{1}{5}$	$2\frac{1}{4}$	$2\frac{1}{3}$	⑥
①	②	③	

$10 \times 2\frac{1}{3} \times 1\frac{1}{5}$ 의 값을 적으세요.

02.

⊗ →

$2\frac{1}{2}$	$\frac{3}{20}$	$4\frac{1}{6}$	⑩
$1\frac{4}{5}$	5	$\frac{2}{5}$	⑪
$3\frac{1}{9}$	$2\frac{1}{7}$	$1\frac{1}{4}$	⑫
⑦	⑧	⑨	

 문제) 사과 한상자에 $1\frac{1}{24}$ kg씩 들어있는 10상자가 있는데, 그 중 $\frac{3}{5}$ 을 경로당에 드리면, 사과 몇 kg를 드린 것일까요?

풀이) 사과 한상자의 무게 = $1\frac{1}{24}$ kg   상자 수 = 10   드린 비율 = $\frac{3}{5}$

사과 무게 = 1 상자의 무게 × 상자 수 × 드린 비율 이므로

식은 $1\frac{1}{24} \times 10 \times \frac{3}{5}$ 이고 값은 $6\frac{1}{4}$ 입니다.

식) $1\frac{1}{24} \times 10 \times \frac{3}{5}$ 답) $6\frac{1}{4}$ kg

경로당 드린 kg

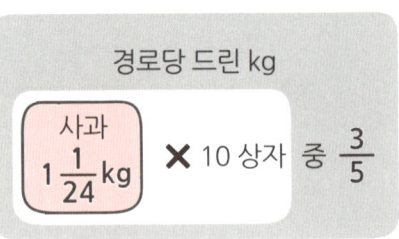

사과 $1\frac{1}{24}$ kg × 10 상자 중 $\frac{3}{5}$

 아래의 문제를 풀어보세요.

01. 우리반 학생 32명 중 $\frac{5}{8}$ 는 여학생이고, 여학생의 $\frac{3}{4}$ 은 안경을 씁니다. 안경을 쓴 여학생은 몇 명인가요?

(식 2점)
(답 1점)

풀이)

식) _____   답) _____

02. 색종이가 45장 있습니다. 그 중 $\frac{1}{5}$ 은 파란 색이고, 노란색은 파란색의 $\frac{2}{3}$ 만큼 있습니다. 노란색은 몇 장일까요?

(식 2점)
(답 1점)

풀이)

식) _____   답) _____

03. 용돈 20000원 받았습니다. 그 중 $\frac{1}{4}$ 을 가지고 나와 $\frac{2}{5}$ 를 학용품 구입에 썼습니다. 학용품을 산 금액은 얼마인가요?

(식 2점)
(답 1점)

풀이)

식) _____   답) _____

04. 내가 문제를 만들어 풀어 봅니다. (분수의 곱셈)

문제 2점
(식 2점)
답 1점

풀이)

식) _____   답) _____

※ 이제는 문제를 잘 이해하고, 계산도 잘하고, 답 적을때 단위도 잘 붙이고 있겠죠^^

확인 (틀린 문제의 수를 적고, 약한 부분을 보충하세요.)

회차	틀린문제수
96 회	문제
97 회	문제
98 회	문제
99 회	문제
100 회	문제

오답노트 (앞에서 틀린 문제나 기억하고 싶은 문제를 적습니다.)

회	번
문제	풀이

회	번
문제	풀이

회	번
문제	풀이

회	번
문제	풀이

회	번
문제	풀이

생각해보기

앞에서 배운 5회차 내용이 모두 이해 되었나요?

1. 모두 이해되고 자신있다. → 다음 회로 넘어 갑니다.

2. 2~3문제 틀릴 수는 있겠지만 거의 이해한다.
    → 개념부분을 한번 더 읽고 다음 회로 넘어 갑니다.

3. 잘 모르는 것 같다.
    → 개념부분과 틀린문제를 한번 더 보고 다음 회로 넘어 갑니다.

틀린 문제가 있었다면 왜 틀렸을거라고 생각합니까?

1. 개념 설명이 어려워서 잘 모르겠다.   2. 다 아는데 실수한 것 같다.

3. 빨리 끝내고 싶어서 집중할 수가 없다.   4. 하기 싫어서....

스스로 알아서 하는

하루 10분 수학

계산편

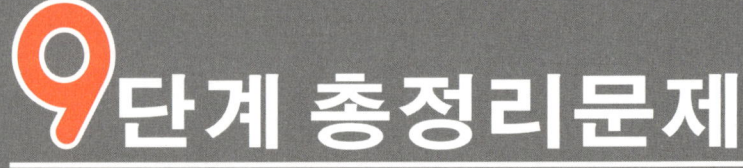

9단계 총정리문제

5학년 **1**학기 과정 **8**회분

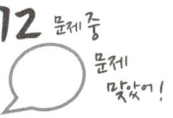

월 일
분 초

12 문제 중
문제 맞았어!

두 수의 최대공약수와 최소공배수를 주어진 방법으로 구하고, 빈칸을 채우세요.

01. 4 = ☐ × ☐
6 = ☐ × ☐

최대공약수 : ....

최소공배수 : ....

02. 10 = ☐ × ☐
15 = ☐ × ☐

최대공약수 : ....

최소공배수 : ....

03. 12 = ☐ × ☐ × ☐
18 = ☐ × ☐ × ☐

최대공약수 : ....

최소공배수 : ....

04. 6 = ☐ × ☐
21 = ☐ × ☐

최대공약수 : ....

최소공배수 : ....

05. 8과 12의 최대공약수 : ☐

최소공배수 : ☐

06. 9와 15의 최대공약수 : ☐

최소공배수 : ☐

07. 6과 10의 최대공약수 : ☐

최소공배수 : ☐

08. 10과 18의 최대공약수 : ☐

최소공배수 : ☐

09. 15와 25의 최대공약수 : ☐

최소공배수 : ☐

10. 12와 28의 최대공약수 : ☐

최소공배수 : ☐

11. 9와 33의 최대공약수 : ☐

최소공배수 : ☐

12. 16과 24의 최대공약수 : ☐

최소공배수 : ☐

 분모를 서로 곱하는 방법으로 통분하세요.

01. $\left(\dfrac{1}{3}, \dfrac{5}{6}\right) \Rightarrow \left(\dfrac{\quad}{\quad}, \dfrac{\quad}{\quad}\right)$

02. $\left(\dfrac{3}{4}, \dfrac{1}{6}\right) \Rightarrow \left(\dfrac{\quad}{\quad}, \dfrac{\quad}{\quad}\right)$

03. $\left(\dfrac{1}{5}, \dfrac{7}{10}\right) \Rightarrow \left(\dfrac{\quad}{\quad}, \dfrac{\quad}{\quad}\right)$

04. $\left(\dfrac{7}{8}, \dfrac{5}{9}\right) \Rightarrow \left(\dfrac{\quad}{\quad}, \dfrac{\quad}{\quad}\right)$

05. $\left(\dfrac{5}{6}, \dfrac{3}{8}\right) \Rightarrow \left(\dfrac{\quad}{\quad}, \dfrac{\quad}{\quad}\right)$

06. $\left(\dfrac{4}{5}, \dfrac{4}{7}\right) \Rightarrow \left(\dfrac{\quad}{\quad}, \dfrac{\quad}{\quad}\right)$

07. $\left(\dfrac{1}{9}, \dfrac{11}{12}\right) \Rightarrow \left(\dfrac{\quad}{\quad}, \dfrac{\quad}{\quad}\right)$

08. $\left(\dfrac{3}{7}, \dfrac{5}{14}\right) \Rightarrow \left(\dfrac{\quad}{\quad}, \dfrac{\quad}{\quad}\right)$

09. $\left(\dfrac{1}{10}, \dfrac{7}{15}\right) \Rightarrow \left(\dfrac{\quad}{\quad}, \dfrac{\quad}{\quad}\right)$

10. $\left(\dfrac{5}{12}, \dfrac{9}{20}\right) \Rightarrow \left(\dfrac{\quad}{\quad}, \dfrac{\quad}{\quad}\right)$

 분모의 최소공배수를 공통분모로 하여 통분하세요.

11. $\left(\dfrac{3}{5}, \dfrac{7}{15}\right) \Rightarrow \left(\dfrac{\quad}{\quad}, \dfrac{\quad}{\quad}\right)$

12. $\left(\dfrac{1}{3}, \dfrac{2}{9}\right) \Rightarrow \left(\dfrac{\quad}{\quad}, \dfrac{\quad}{\quad}\right)$

13. $\left(\dfrac{3}{7}, \dfrac{4}{21}\right) \Rightarrow \left(\dfrac{\quad}{\quad}, \dfrac{\quad}{\quad}\right)$

14. $\left(\dfrac{3}{4}, \dfrac{11}{12}\right) \Rightarrow \left(\dfrac{\quad}{\quad}, \dfrac{\quad}{\quad}\right)$

15. $\left(\dfrac{5}{6}, \dfrac{8}{15}\right) \Rightarrow \left(\dfrac{\quad}{\quad}, \dfrac{\quad}{\quad}\right)$

16. $\left(\dfrac{2}{5}, \dfrac{4}{9}\right) \Rightarrow \left(\dfrac{\quad}{\quad}, \dfrac{\quad}{\quad}\right)$

17. $\left(\dfrac{1}{8}, \dfrac{9}{14}\right) \Rightarrow \left(\dfrac{\quad}{\quad}, \dfrac{\quad}{\quad}\right)$

18. $\left(\dfrac{7}{10}, \dfrac{5}{12}\right) \Rightarrow \left(\dfrac{\quad}{\quad}, \dfrac{\quad}{\quad}\right)$

19. $\left(\dfrac{3}{10}, \dfrac{2}{25}\right) \Rightarrow \left(\dfrac{\quad}{\quad}, \dfrac{\quad}{\quad}\right)$

20. $\left(\dfrac{1}{14}, \dfrac{5}{21}\right) \Rightarrow \left(\dfrac{\quad}{\quad}, \dfrac{\quad}{\quad}\right)$

 아래 분수의 덧셈과 뺄셈 계산하여 값을 적으세요.

01. $1\frac{1}{5} + 2\frac{3}{8} =$

02. $\frac{2}{3} + 3\frac{4}{7} =$

03. $4\frac{5}{6} + 2\frac{1}{4} =$

04. $1\frac{3}{8} + 1\frac{5}{16} =$

05. $2\frac{3}{4} + 1\frac{2}{9} =$

06. $2\frac{4}{9} - 2\frac{1}{12} =$

07. $5\frac{2}{3} - 2\frac{3}{4} =$

08. $4\frac{1}{4} - 3\frac{7}{16} =$

09. $2\frac{2}{5} - 1\frac{5}{8} =$

10. $2\frac{3}{8} - \frac{5}{16} =$

11. $1\frac{1}{12} + 3\frac{4}{15} =$

12. $1\frac{6}{7} + \frac{5}{14} =$

13. $2\frac{4}{11} + 1\frac{3}{22} =$

14. $\frac{9}{10} + 3\frac{1}{30} =$

15. $2\frac{3}{8} + 2\frac{5}{12} =$

16. $2\frac{3}{10} - 1\frac{1}{15} =$

17. $3\frac{1}{6} - 2\frac{7}{18} =$

18. $1\frac{3}{8} - 1\frac{1}{10} =$

19. $4\frac{7}{10} - 2\frac{5}{14} =$

20. $5\frac{2}{15} - 1\frac{1}{18} =$

104 총정리4 (분수의 덧셈과 뺄셈)

소리내 풀기 아래 분수의 덧셈과 뺄셈 계산하여 값을 적으세요.

01. $2\frac{2}{3} + 1\frac{5}{8} =$

02. $5\frac{1}{4} + \frac{5}{6} =$

03. $\frac{2}{9} + 3\frac{14}{15} =$

04. $2\frac{4}{7} + 2\frac{3}{28} =$

05. $3\frac{1}{2} + 2\frac{9}{10} =$

06. $2\frac{1}{4} - 1\frac{2}{15} =$

07. $1\frac{4}{5} - \frac{11}{12} =$

08. $3\frac{1}{8} - 1\frac{9}{20} =$

09. $2\frac{3}{4} - 2\frac{2}{9} =$

10. $5\frac{2}{9} - 4\frac{13}{21} =$

11. $1\frac{5}{6} + 2\frac{1}{18} =$

12. $\frac{1}{5} + 5\frac{9}{20} =$

13. $3\frac{1}{4} + 1\frac{2}{5} =$

14. $2\frac{3}{8} + \frac{7}{24} =$

15. $1\frac{4}{7} + 4\frac{5}{21} =$

16. $3\frac{2}{3} - 1\frac{3}{7} =$

17. $6\frac{3}{4} - 2\frac{1}{5} =$

18. $4\frac{1}{6} - \frac{2}{9} =$

19. $2\frac{5}{12} - 2\frac{4}{15} =$

20. $3\frac{1}{10} - 1\frac{3}{16} =$

분수의 덧셈과 뺄셈을 계산하여 값을 구하세요.

01. $1\frac{1}{6} + 1\frac{1}{2} =$

02. $2\frac{2}{3} + 3\frac{17}{21} =$

03. $\frac{3}{4} + 3\frac{7}{8} =$

04. $1\frac{1}{8} + 2\frac{5}{12} =$

05. $3\frac{5}{14} + \frac{3}{4} =$

06. $4\frac{2}{3} - 2\frac{6}{7} =$

07. $5\frac{1}{6} - \frac{5}{8} =$

08. $9\frac{4}{9} - 2\frac{7}{15} =$

09. $3\frac{2}{5} - \frac{9}{10} =$

10. $1\frac{15}{16} - 1\frac{5}{12} =$

11. $2\frac{8}{15} + 1\frac{5}{6} =$

12. $3\frac{3}{5} + \frac{17}{20} =$

13. $1\frac{2}{14} + 2\frac{2}{7} =$

14. $\frac{1}{18} + 3\frac{5}{6} =$

15. $4\frac{1}{20} + \frac{8}{15} =$

16. $5\frac{3}{4} - 4\frac{7}{12} =$

17. $6\frac{1}{9} - 1\frac{5}{6} =$

18. $3\frac{5}{6} - \frac{4}{15} =$

19. $3\frac{17}{20} - 3\frac{5}{8} =$

20. $2\frac{1}{18} - 1\frac{5}{12} =$

 아래를 계산하여 값을 구하세요.

01. $8 \times \dfrac{3}{16} =$

02. $\dfrac{5}{9} \times 6 =$

03. $\dfrac{1}{4} \times \dfrac{8}{9} =$

04. $\dfrac{7}{15} \times \dfrac{10}{21} =$

05. $6 \times 1\dfrac{1}{18} =$

06. $1\dfrac{1}{10} \times 12 =$

07. $\dfrac{4}{5} \times 4\dfrac{1}{6} =$

08. $\dfrac{7}{11} \times 2\dfrac{5}{14} =$

09. $2\dfrac{1}{7} \times \dfrac{3}{25} =$

10. $3\dfrac{1}{9} \times \dfrac{3}{7} =$

11. $3\dfrac{1}{5} \times 1\dfrac{1}{24} =$

12. $4\dfrac{1}{6} \times 2\dfrac{1}{10} =$

13. $1\dfrac{1}{5} \times 6\dfrac{5}{9} =$

14. $5\dfrac{3}{4} \times 1\dfrac{1}{5} =$

15. $2\dfrac{1}{10} \times 4\dfrac{1}{6} =$

16. $3\dfrac{1}{3} \times 1\dfrac{3}{4} =$

17. $1\dfrac{1}{6} \times 3\dfrac{3}{7} =$

18. $3\dfrac{3}{8} \times 2\dfrac{2}{9} =$

19. $1\dfrac{1}{14} \times 8\dfrac{1}{6} =$

20. $3\dfrac{11}{15} \times 4\dfrac{3}{8} =$

 아래를 계산하여 값을 구하세요.

01. $5 \times 4 \times \dfrac{1}{30} =$

02. $2 \times \dfrac{5}{18} \times 3 =$

03. $4 \times 8 \times \dfrac{7}{24} =$

04. $\dfrac{3}{8} \times 6 \times \dfrac{5}{9} =$

05. $\dfrac{6}{14} \times \dfrac{7}{12} \times 9 =$

06. $8 \times \dfrac{5}{6} \times \dfrac{3}{15} =$

07. $\dfrac{5}{9} \times \dfrac{3}{5} \times \dfrac{21}{25} =$

08. $\dfrac{16}{33} \times \dfrac{7}{8} \times \dfrac{11}{18} =$

09. $\dfrac{8}{25} \times \dfrac{1}{4} \times \dfrac{5}{16} =$

10. $\dfrac{4}{9} \times \dfrac{5}{12} \times \dfrac{3}{10} =$

11. $\dfrac{4}{9} \times 1\dfrac{1}{21} \times 7 =$

12. $9 \times \dfrac{5}{6} \times 3\dfrac{3}{8} =$

13. $5\dfrac{3}{5} \times 6 \times \dfrac{1}{4} =$

14. $1\dfrac{3}{22} \times 2\dfrac{2}{15} \times \dfrac{5}{12} =$

15. $\dfrac{5}{24} \times 2\dfrac{2}{5} \times 5\dfrac{4}{7} =$

16. $4\dfrac{4}{9} \times \dfrac{5}{14} \times 1\dfrac{7}{20} =$

17. $\dfrac{2}{99} \times 3\dfrac{1}{18} \times 4\dfrac{2}{5} =$

18. $1\dfrac{1}{27} \times 3\dfrac{7}{12} \times 2\dfrac{6}{7} =$

19. $3\dfrac{7}{10} \times 1\dfrac{1}{30} \times 1\dfrac{13}{37} =$

20. $1\dfrac{1}{54} \times 8\dfrac{4}{25} \times 2\dfrac{1}{4} =$

이어서 나는 □을(를) 공부/연습할거야!

108 총정리8 (분수의 곱셈)

 아래를 계산하여 값을 구하세요.

01. $\dfrac{10}{27} \times 5 \times 6 =$

02. $3 \times 4 \times \dfrac{1}{9} =$

03. $2 \times \dfrac{5}{36} \times 8 =$

04. $\dfrac{6}{35} \times \dfrac{25}{42} \times 7 =$

05. $\dfrac{1}{12} \times 9 \times \dfrac{3}{4} =$

06. $6 \times \dfrac{4}{21} \times \dfrac{7}{8} =$

07. $\dfrac{5}{6} \times \dfrac{4}{5} \times \dfrac{2}{3} =$

08. $\dfrac{2}{3} \times \dfrac{7}{12} \times \dfrac{3}{8} =$

09. $\dfrac{21}{25} \times \dfrac{5}{9} \times \dfrac{5}{12} =$

10. $\dfrac{5}{21} \times \dfrac{9}{20} \times \dfrac{4}{7} =$

11. $1\dfrac{1}{9} \times \dfrac{5}{6} \times 12 =$

12. $\dfrac{5}{21} \times 1 \times 4\dfrac{2}{3} =$

13. $14 \times 4\dfrac{3}{7} \times \dfrac{1}{15} =$

14. $1\dfrac{1}{3} \times 6\dfrac{4}{9} \times \dfrac{3}{8} =$

15. $1\dfrac{3}{5} \times \dfrac{5}{14} \times 8\dfrac{1}{6} =$

16. $\dfrac{4}{7} \times 4\dfrac{5}{16} \times 1\dfrac{1}{3} =$

17. $2\dfrac{2}{3} \times 1\dfrac{2}{5} \times 2\dfrac{3}{4} =$

18. $3\dfrac{3}{5} \times 1\dfrac{5}{9} \times 4\dfrac{1}{2} =$

19. $1\dfrac{1}{15} \times 2\dfrac{1}{12} \times 5\dfrac{1}{7} =$

20. $1\dfrac{7}{8} \times 3\dfrac{7}{15} \times 1\dfrac{7}{9} =$

스스로 알아서 하는

하루 10분 수학

계산편

가능한 학생이 직접 채점합니다.

틀린문제는 다시 풀고 확인하도록 합니다.

문의 : WWW.OBOOK.KR (고객센타 : 031-447-5009)

9단계 정답지

5학년 1학기 수준

01회 (12p)

① 2,4,6,8,10　② 32,34,36,38,40

③ 220,222,224,226,228,230　④ 2,4,6,8,0

⑤ ① 2의 배수이고, ② 2로 나눠 떨어지고, ③ 홀수가 아닌 수이므로, 짝수입니다.

⑥ 1,3,5,7,9　⑦ 31,33,35,37,39

⑧ 221,223,225,227,229,231　⑨ 1,3,5,7,9

⑩ ① 2의 배수가 아니고, ② 2로 나누면 나머지가 있는 수이고, ③ 짝수가 아니므로, 홀수입니다.

오늘부터 하루10분수학을 꾸준히 정한 시간에 하도록 합니다.
위의 설명을 꼼꼼히 읽고, 그 방법대로 천천히 풀어봅니다.
빨리 푸는 것보다는 정확히 풀도록 노력하세요!!!
틀린 문제나 중요한 문제는 책에 색연필로 표시하고,
오답노트를 작성하거나 5회가 끝나면 다시 보도록 합니다.

02회 (13p)

① 1,2,4　② 1,2,4,8　③ 1,3,5,15　④ 1,2,4,5,10,20

⑤ 어떤 수를 나누어 떨어지게 하는 수　⑥ 4,8,12,16,20

⑦ 54,63,72,81,90　⑧ 69,506　⑨ 7788

⑩ 어떤 수를 1배, 2배, 3배.... 한 수 (어떤 수에 곱한 수)

03회 (14p)

① 어떤 수를 나누어 떨어지게 하는 수

② 1,2　③ 1,3　④ 1,2,4　⑤ 1,5　⑥ 1,2,3,6

⑦ 1,7　⑧ 1,2,4,8　⑨ 1,3,9　⑩ 1,2,5,10

⑪ 1,2,3,4,6,12　⑫ 1,3,5,15　⑬ 1,5,25

⑭ 1,2,3,5,6,15,30　⑮ 어떤 수를 1배, 2배,.... 곱한 수

⑯ 9,18,27,36,45,54,63,72,81　⑰ 3322

04회 (15p)

① 4,6,24, 24,4,6　② 9,8,72, 72,9,8

③ 7,5,35, 35,7,5　④ 10,3,30, 30,10,3

---

⑤ 8×7=56, 7×8=56　⑥ 5×3=15, 3×5=15

⑦ 63=9×7, 63=7×9　⑧ 24=6×4, 24=4×6

⑨ 10×12=120, 120=10×12

05회 (16p)

① 짝수, 1,2,3,6, 42　② 짝수, 1,2,4,8, 72

③ 홀수, 1,3,9, 45　④ 짝수, 1,2,3,4,6,12, 120

⑤ 짝수, 1,2,3,4,6,8,12,24, 480　⑥ 5,8,40, 40,5,8

⑦ 56,7,8, 7,8,56　⑧ 배수, 약수

⑨ 4×9=36, 9×4=36　⑩ 42=6×7, 42=7×6

⑪ 9×7=63, 63=9×7

5회가 끝났습니다. 앞에서 말한 대로 확인페이지를 잘 적고,
개념 부분과 내가 잘 틀리는 것을 꼭 확인해 봅니다.

06회 (18p)

① 6, 2,3　② 9, 3,3　③ 10, 2,5　④ 9, 3,3

⑤ 14, 2,7　⑥ 21, 3,7　⑦ 8, 2,4, 2,2,2

⑧ 12, 2,6, 2,2,3　⑨ 16, 2,8, 2,2,4, 2,2,2,2

⑩ 24, 2,12, 2,2,6, 2,2,2,3

07회 (19p)

① 2　② 3　③ 4, 2,2　④ 3　⑤ 5　⑥ 6,2,3

⑦ 7　⑧ 5　⑨ 8,2,4,2,2,2　⑩ 6,2,3

⑪ 10,2,5　⑫ 7　⑬ 11　⑭ 12,2,6,2,2,3

08회 (20p)

① 1,2,3,4,6,12　1,2,4,8,16　1,2,4　4

② 1,2,3,6,9,18　1,3,9,27　1,3,9　9

③ 1,2,4,8,16　1,2,3,4,6,8,12,24　1,2,4,8　8　8

④ 1,2,3,6　⑤ 1,7　⑥ 1,2,3,4,6,12

⑦ 1,3,5,15

09회 (21p)

01 1,2,3,6　　1,2,3,4,6,12　　1,2,3,6　　6　　6

02 1,2,7,14　　1,3,7,21　　1,7　　7　　7

03 1,3,5,15　　1,2,3,5,6,10,15,30　　1,3,5,15　　15

04 1,2,3,6,9,18　　1,2,3,4,6,8,12,24　　1,2,3,6　　6

05 1,2,3,6,9,18　　06 1,2,5,10　　07 1,13

08 1,2,7,14　　09 1,2,4,8,16　　10 1,3,5,15

10회 (22p)

01 24, 16, 1,2,4,8　식) 24와 16의 공약수　답) 1,2,4,8

02 사탕의 수 = 25개, 껌의 수 = 50개

남김없이 똑같이 담기 = 공약수

따라서 사탕과 껌의 수에 대한 공약수인 1,5,25개의

봉투에 넣을 수 있습니다.

식) 25와 50의 공약수　답) 1,5,25

03 48을 나눠서 떨어지게 하는 수 = 1,2,3,4,6,8,12,16,24,48

36을 나눠서 떨어지게 하는 수 = 1,2,3,4,6,9,12,18,36

모두 떨어지게 하는 수 = 1,2,3,4,6,12 = 48과 36의 공약수

식) 48과 36의 공약수　답) 1,2,3,4,6,12

생각문제의 마지막 04번은 내가 만드는 문제입니다.
내가 친구나 동생에게 문제를 낸다면 어떤 문제를 낼지
생각해서 만들어 보세요. 다 만들고, 풀어서 답을 적은 후
부모님이나 선생님에게 잘 만들었는지 물어보고, 자랑해 보세요.
이제 고학년입니다. 이런 문제쯤은 가뿐히 만들 수 있습니다.
곰곰히 생각해서 좋은 문제를 만들어 보세요!!!

11회 (24p)

01 2×3, 2×2×3, 2×3, 6　　02 2×7, 3×7, 7, 7

03 2×2×5, 2×2×7, 2×2, 4

04 2×3×3, 2×2×3×3, 2×3, 6

05 2×2×2×2, 2×2×5, 2×2, 4　　06 3×5, 5×7, 5, 5

07 5　　08 1×11, 2×3×11, 11, 11

09 2×2×2×3, 2×2×3×3, 2×2×3, 12

12회 (25p)

01 2×2×2,　2×2×7,　2×2,　4

02 3×11,　5×11,　11,　11

03 2×2×3,　2×3×3,　2×3,　6

04 2×3×5,　2×2×2×5,　2×5,　10

05 2×2×3,　2×2×2×3,　2×2×3,　12

06 2×2×2×3,　2×2×2×5,　2×2×2,　8

07 2×3×3,　2×3×3×3,　2×3×3,　18

08 2×3×7,　3×3×7,　3×7,　21

09 3×3×5,　2×3×3×3,　3×3,　9

10 2×3×7,　2×5×7,　2×7,　14

11 2×13,　3×13,　13,　13

12 2×7,　5×7,　7,　7

13회 (26p)

01 6, 2×3　　02 7, 7　　03 4, 2×2

04 2, 2　　05 4, 2×2　　06 5, 5

07 8, 2×2×2　　08 9, 3×3　　09 12, 2×2×3

01번 문제에서 바로 6으로 나눠서 떨어지는 것을 확인하고,
6과 12의 최대공약수가 6임을 알아 내도 됩니다.
하지만, 수학은 신속, 정확히 풀어야 하는 과목이기에 작은 수를
나눠 정확히 푸는 연습을 하고, 자신있을때 어느 정도 암산으로
계산하여 속도를 높이시기 바랍니다.

14회 (27p)

01 4, 2×2　　02 11, 11　　03 6, 2×3

04 10, 2×5　　05 12, 2×2×3　　06 8, 2×2×2

07 18, 2×3×3　　08 21, 3×7　　09 9, 3×3

10 14, 7×2　　11 13, 13　　12 7, 7

15회 (28p)

01 48, 24, 최대공약수, 최대공약수, 24

식) 48과 24의 최대공약수　답) 24명

143

02 과자의 수 = 63개, 아이스크림의 수 = 36개

남김없이 똑같이 담기 = 공약수

남김없이 똑같이 가장 많이 담기 = 최대공약수

63은 1,3,9,7,21,63개의 봉투에 담을 수 있고,

36은 1,3,4,6,9,12,36개의 봉투에 담을 수 있으므로

공통된 수 중 가장 큰 수(최대공약수)인 9개의 봉투에

담을 때 가장 많은 봉투에 담을 수 있습니다.

식) 63과 36의 최대공약수 답) 9

03 같이 나눠 떨어지는수=공약수

같이 나눠 떨어지는수중 가장 큰수=최대공약수

식) 56과 42의 최대공약수 답) 14

최대공약수를 구하는 방법 3가지
첫번째 방법 : 숫자를 한개씩 나눠 공통인 부분 중 가장 큰 것
두번째 방법 : 곱셈식으로 나타내어 공통인 부분을 찾는다,
세번째 방법 : 거꾸로 나눗셈을 적고, 공통인 수로 나눠 나누어진 수를
모두 곱한다.

위의 내용이 완벽히 이해되지 않으면 다시 복습합니다.

16회(30p)

01 3,6,9,12,15,...   5,15,20,25,30,...   15,30,...   15
02 4,8,12,16,20,...   6,12,18,24,30,...   12,24,...   12
03 5,10,15,20,25,...   6,12,18,24,30,...   30,60,...   30
04 24,48,72   **05** 21,42,63   **06** 24,48,72
07 45.90.135

17회(31p)

01 12,24,36..72,...   18,36,54,72,...   36,72,...   36 36
02 6,12,...30...60...   15,30,45,60,...   30,60,...   30 30
03 10,20,30,40,...   20,40,60,80,...   20,40,...   20
04 12,...,60,...120,...   30,60,90,120,...   60,120,...   60
05 24,48,72   **06** 48,96,144   **07** 60,120,180
08 45,90,135   **09** 60,120,180   **10** 32,64,96

18회(32p)

01 10, 15, 공배수, 30,60,90,120

식) 10과 15의 공배수 답) 30,60,90,120....

02 수영가는 날 = 5일마다 , 등산가는 날 = 4일마다

서로 만나는 날은 두 날의 최소공배수이므로

따라서 5와 4의 최소공배수는 20이므로 20일 마다

수영과 등산을 같이 해야 합니다.

식) 5와 4의 최소공배수 답) 20일 마다 돌아옵니다.

03 일별 수학책, 과학책 끝나는 쪽을 표로 정리해 보면

×	1일	2일	3일	4일	5일	6일	7일	...
수학책	4	8	12	16	20	24	28	...
과학책	6	12	18	24	30	36	42	...

이 됩니다. 그러므로 같이 끝나는 쪽은 12,24,...가 되고

이것은 4와 6의 공배수와 같습니다.

식) 4와 6의 최소공배수 답) 12,24,36,42.....

※ 생각문제의 풀이과정은 여러가지 방법이 있을 수 있습니다.
  자기가 생각한 방법으로 풀고, 중요한 말이나 식이 들어가고
  정답이 맞다면, 정확히 푼 것입니다.
  맞는 답입니다.

※ 위와 같이 글로된 문제를 풀때는 꼼꼼히 중요한 것을 적고,
  깨끗이 순서대로 적으면서 푸는 연습을 합니다.
  수학은 느낌으로 푸는 것이 아니라,
  원리를 이용하여 차근차근 생각하면서 푸는 과목입니다.

19회(33p)

01 2×3, 2×2×3, 2×2×3, 12
02 2×2×3, 3×5, 2×2×3×5, 60
03 2×7, 3×7, 2×3×7, 42
04 3×5, 3×3×5, 3×3×5, 45
05 2×2×2, 2×2×2×3, 2×2×2×3, 24
06 2×5, 3×5, 2×3×5, 30   **07** 33
08 1×7, 2×2×7, 2×2×7, 28
09 2×2×2×2, 2×2×2×2×5, 2×2×2×2×5, 80

20회(34p)

① 2×2×2, 2×2×7, 2×2×2×7, 56
② 3×3, 4×3, 3×3×4, 36
③ 2×5, 2×3×5, 2×3×5, 30
④ 2×2×3, 2×2×5, 2×2×3×5, 60
⑤ 2×7, 2×2×7, 2×2×7, 28
⑥ 2×7, 2×5×7, 2×5×7, 70
⑦ 3×5, 2×3×3, 2×3×3×5, 80
⑧ 2×2×2×2, 2×2×5, 2×2×2×2×5, 80
⑨ 2×3×3, 3×3×3, 2×3×3×3, 54
⑩ 2×2×5, 2×5×5, 2×2×5×5, 100
⑪ 2×2×2×3, 2×3×5, 2×2×2×3×5, 120
⑫ 5×5, 2×2×2×5, 2×2×2×5×5, 200

벌써 20회까지 하였습니다.
정한 시간에 꾸준히 하고 있나요?
아침에 일어나서 학교 가기전에 해 보는 건 어떤가요?
5회가 끝나면 나오는 확인페이지도 잘하고 있지요?
공부는 누가 더 복습을 잘하는 가에 실력이 달라집니다.
가랑비에 옷이 젖듯이 꾸준히 하다보면 수학이 좋아질거에요^^

21회(36p)

① 12 , 2×3×1×2 ② 60, 2×4×5 ③ 7 , 7×2×3
④ 45 , 3×5×1×3 ⑤ 24 , 2×2×2×1×3
⑥ 30 , 5×2×3 ⑦ 33 , 11×1×3
⑧ 84 , 7×3×4 ⑨ 80 , 2×2×2×2×5

22회(37p)

① 56 , 2×2×2×7 ② 36, 3×3×4 ③ 30 , 2×2×3×1×3
④ 36 , 2×2×3×1×3 ⑤ 28 , 2×7×1×2
⑥ 70 , 2×7×1×5 ⑦ 90 , 3×5×6 ⑧ 80 , 2×2×4×5
⑨ 54 , 3×3×2×3 ⑩ 100 , 2×5×2×5
⑪ 120 , 2×3××5 ⑫ 200 , 5×5×8

23회(38p)

① 8, 12, 최소공배수, 24
  식) 8과 12의 최소공배수 답) 24mm
② 민체가 가는 날 = 6일마다, 주영이 가는 날= 9일 마다
  일정 간격 찾기 = 공배수
  처음 만나는 간격 찾기 = 최소공배수
  6의 배수는 6,12,18,24,30, …이고,
  9의 배수는 9,18,27,36,45, …이므로
  배수 중 가장 작은 수(최소공배수)인 18일마다
  도서관에서 만날 수 있습니다.
  식) 6과 9의 최소공배수 답) 9
③ 일정한 간격 찾기 = 공배수
  제일 처음 만나는 간격 찾기=최소공배수
  식) 21과 14의 최소공배수 답) 42일 뒤

> **최소공배수를 구하는 방법 3가지**
> 첫번째 방법 : 숫자들의 배수를 적고 제일 처음 공통인 것 찾기
> 두번째 방법 : 곱셈식으로 나타내어 공통인것 1번 빼고, 모두 곱하기
> 세번째 방법 : 거꾸로 나눗셈을 적고, 나누어진 수와 몫을 모두 곱하기.

※ ④번 내가 만드는 문제도 잘 하고 있지요? 좋은 문제를 만들 수 있다는 건 확실히 이해하고 있다는 것입니다. 곰곰이 생각해서 문제를 만들어 풀어 봅니다.

24회(39p)

① 6 , 12 ② 3, 60 ③ 7 , 42
④ 15 , 45 ⑤ 8 , 24 ⑥ 5 , 30
⑦ 11 , 33 ⑧ 7 , 28 ⑨ 8 , 80

25회(40p)

① 4 , 56 ② 11 , 165 ③ 6 , 36 ④ 10 , 120
⑤ 12 , 24 ⑥ 18 , 120 ⑦ 18 , 108 ⑧ 21 , 126
⑨ 9 , 270 ⑩ 14 , 210 ⑪ 13 , 78 ⑫ 7 , 70

26회(42p)

01 3 , 45 02 8 , 48 03 26 , 52
04 9 , 90 05 12 , 24 06 7 , 105
07 5 , 140 08 8 , 80 09 9 , 54

27회(43p)

01 2 , 12 02 5 , 30 03 4 , 96 04 5 , 120
05 11 , 110 06 7 , 42 07 4 , 112 08 15 , 45
09 8 , 96 10 6 , 72 11 5 , 50 12 10 , 120

28회(44p)

01 2 , 150 02 4 , 40 03 3 , 36 04 7 , 147
05 5 , 150 06 8 , 48 07 8 , 224 08 3 , 120
09 6 , 198 10 3 , 240 11 3 , 210 12 8 , 40

29회(45p)

01 2 , 28 02 6 , 18 03 3 , 36 04 10 , 30
05 2 , 60 06 6 , 60 07 9 , 54 08 7 , 42
09 12 , 180 10 9 , 108 11 8 , 80 12 9 , 360

30회(46p)

01 3 , 90 02 2 , 102 03 5 , 60 04 2 , 252
05 2 , 24 06 4 , 72 07 5 , 50 08 2 , 40
09 8 , 120 10 4 , 480 11 6 , 90 12 5 , 150

최대공약수와 최소공배수에 대해 배웠습니다.
모자란 부분이 있으면 앞의 것을 꼭!!! 복습하도록 합니다.

31회(48p)

01 2,3 02 4,6 03 6,9
04 2,1 05 4,2 06 6,3

32회(49p)

01 2,3,6 02 2,3,3, 6,9,12 03 2,3,4, 8,12,16
04 8,4,2 05 2,3,6, 9,6,3 06 2,5,10, 10,4,2

33회(50p)

01 1,2,4,8, $\frac{8}{12}$, $\frac{4}{6}$, $\frac{2}{3}$, $\frac{2}{3}$ 02 1,3,9, $\frac{9}{12}$, $\frac{3}{4}$, $\frac{3}{4}$

03 1,3,5,15, $\frac{5}{15}$, $\frac{3}{9}$, $\frac{1}{3}$, $\frac{1}{3}$ 04 1,2,4, $\frac{6}{8}$, $\frac{3}{4}$, $\frac{3}{4}$

05 1,2,3,6, $\frac{3}{15}$, $\frac{2}{10}$, $\frac{1}{5}$, $\frac{1}{5}$

06 1,2,4,8,16, $\frac{16}{24}$, $\frac{8}{12}$, $\frac{4}{6}$, $\frac{2}{3}$, $\frac{2}{3}$

34회(51p)

01 1,2,4,6, $\frac{3}{9}$, $\frac{2}{6}$, $\frac{1}{3}$, $\frac{1}{3}$ 02 1,2,4, $\frac{6}{14}$, $\frac{3}{7}$, $\frac{3}{7}$

03 1,2,5,10, $\frac{10}{25}$, $\frac{4}{10}$, $\frac{2}{5}$, $\frac{2}{5}$ 04 1,3,9, $\frac{6}{9}$, $\frac{2}{3}$, $\frac{2}{3}$

05 1,2,3,6, $\frac{12}{15}$, $\frac{8}{10}$, $\frac{4}{5}$, $\frac{4}{5}$ 06 1,2,4, $\frac{8}{18}$, $\frac{4}{9}$, $\frac{4}{9}$

07 1,2,4, $\frac{14}{24}$, $\frac{7}{12}$, $\frac{7}{12}$ 08 1,2,4,8, $\frac{20}{44}$, $\frac{10}{22}$, $\frac{5}{11}$, $\frac{5}{11}$

35회(52p)

01 3, $\frac{3}{3}$, $\frac{2}{3}$ 02 2, $\frac{2}{2}$, $\frac{6}{11}$ 03 4, $\frac{4}{4}$, $\frac{2}{3}$ 04 7, $\frac{7}{7}$, $\frac{3}{7}$

05 4, $\frac{4}{4}$, $\frac{5}{8}$ 06 $\frac{3}{3}$, $\frac{3}{5}$ 07 $\frac{4}{4}$, $\frac{5}{7}$ 08 $\frac{12}{12}$, $\frac{1}{3}$

09 $\frac{8}{8}$, $\frac{4}{5}$ 10 $\frac{6}{6}$, $\frac{7}{9}$ 11 $\frac{10}{10}$, $\frac{3}{5}$ 12 $\frac{3}{3}$, $\frac{9}{11}$

36회(54p)

01 4, $\frac{1}{2}$, $\frac{1}{2}$ 02 8, $\frac{1}{3}$, $\frac{1}{3}$ 03 3, $\frac{3}{4}$, $\frac{3}{4}$ 04 10, $\frac{1}{5}$, $\frac{1}{5}$

05 6, $\frac{2}{3}$, $\frac{2}{3}$ 06 5, $\frac{3}{7}$, $\frac{3}{7}$ 07 6, $\frac{3}{5}$, $\frac{3}{5}$ 08 4, $\frac{5}{9}$, $\frac{5}{9}$

09 8, $\frac{3}{4}$, $\frac{3}{4}$ 10 5, $\frac{5}{8}$, $\frac{5}{8}$

37회(55p)

01 4, $\frac{1}{4}$, $\frac{1}{4}$ 02 6, $\frac{1}{3}$, $\frac{1}{3}$ 03 4, $\frac{2}{5}$, $\frac{2}{5}$ 04 9, $\frac{1}{3}$, $\frac{1}{3}$

05 5, $\frac{2}{5}$, $\frac{2}{5}$ 06 4, $\frac{3}{5}$, $\frac{3}{5}$ 07 $\frac{3}{5}$ 08 $\frac{4}{7}$ 09 $\frac{3}{4}$ 10 $\frac{4}{7}$

11 $\frac{3}{5}$ 12 $\frac{2}{3}$ 13 $\frac{5}{9}$ 14 $\frac{5}{8}$ 15 $\frac{4}{7}$ 16 $\frac{7}{10}$ 17 $\frac{7}{12}$ 18 $\frac{5}{9}$

38회(56p)

01 $\frac{1}{3}$ 02 $\frac{1}{2}$ 03 $\frac{2}{7}$ 04 $\frac{3}{8}$ 05 $\frac{2}{3}$ 06 $\frac{4}{5}$

07 $\frac{5}{7}$ 08 $\frac{2}{5}$ 09 $\frac{1}{2}$ 10 $\frac{1}{3}$ 11 $\frac{7}{10}$ 12 $\frac{3}{5}$

13 $\frac{5}{7}$ 14 $\frac{2}{3}$ 15 $\frac{8}{9}$ 16 $\frac{5}{8}$ 17 $\frac{8}{11}$ 18 $\frac{2}{3}$

39회(57p)

01 $\frac{1}{4}$ 02 $\frac{2}{5}$ 03 $\frac{2}{3}$ 04 $\frac{2}{5}$ 05 $\frac{1}{3}$ 06 $\frac{7}{9}$

07 $\frac{1}{2}$ 08 $\frac{5}{7}$ 09 $\frac{2}{9}$ 10 $\frac{5}{12}$ 11 $\frac{2}{9}$ 12 $\frac{7}{13}$

13 $\frac{11}{18}$ 14 $\frac{12}{19}$ 15 $\frac{3}{10}$ 16 $\frac{11}{20}$ 17 $\frac{2}{9}$ 18 $\frac{3}{8}$

40회(58p)

01 분모 = 56, 기약분수의 분모 = 7

56÷7=8이므로, 분자와 분모의 최대공약수는 8입니다.

그러므로 $\frac{5}{7}$ 의 분자와 분모에 각각 8을 곱해 주면 $\frac{40}{56}$ 이 됩니다. 식) $\frac{5 \times 8}{7 \times 8}$ 답) 40

02 식) 8의 약수가 아닌 수와 1 답) 1,3,5,7

03 수학책 쪽수 = 156, 오늘까지 본 쪽수 = 60

비율 $= \frac{부분}{전체} = \frac{본\ 수학책\ 쪽}{전체\ 수학책\ 쪽} = \frac{60}{156} = \frac{5}{13}$

최대공약수 = 8

식) $\frac{본\ 수학책\ 쪽}{전체\ 수학책\ 쪽} = \frac{60}{156}$ 답) $\frac{5}{13}$

※ 위와 같이 글로된 문제를 풀때는 문제를 꼼꼼히 읽으면서 어떻게 풀어야 할지를 정하고 깨끗이 순서대로 적으면서 푸는 연습을 합니다. 원리만 알면 문제 속에 답이 있습니다.

41회(60p)

01 2,3,4,5,6,   4,6,8,10,12,   (3,4),(6,8)

02 2,3,4,5,6,   2,3,4,5,6,   (2,1),(4,2)

03 (4,9),(8,18)   04 (6, $\frac{3}{10}$),(12, $\frac{6}{20}$)

05 (2, $\frac{5}{6}$),(4, $\frac{10}{12}$) 06 (3, $\frac{6}{12}$),(6, $\frac{12}{24}$)

07 (6, $\frac{8}{18}$),(12, $\frac{16}{36}$) 08 (3, $\frac{10}{24}$),(6, $\frac{20}{48}$)

※ 이제 통분 약분에 대해 배웁니다.

42회(61p)

01 16,($\frac{8}{8}$, $\frac{2}{2}$),($\frac{8}{16}$, $\frac{14}{16}$) 02 15,($\frac{5}{5}$, $\frac{3}{3}$),($\frac{10}{15}$, $\frac{3}{15}$)

03 28,($\frac{7}{7}$, $\frac{4}{4}$),($\frac{21}{28}$, $\frac{16}{28}$) 04 24,($\frac{4}{4}$, $\frac{6}{6}$),($\frac{21}{28}$, $\frac{16}{28}$)

05 48,($\frac{6}{6}$, $\frac{8}{8}$),($\frac{18}{48}$, $\frac{8}{48}$) 06 27,($\frac{9}{9}$, $\frac{3}{3}$),($\frac{9}{27}$, $\frac{6}{27}$)

07 21,($\frac{3}{3}$, $\frac{7}{7}$),($\frac{15}{21}$, $\frac{7}{21}$) 08 40,($\frac{5}{5}$, $\frac{8}{8}$),($\frac{15}{40}$, $\frac{32}{40}$)

43회(62p)

01 30,($\frac{5}{5}$, $\frac{6}{6}$),($\frac{25}{30}$, $\frac{6}{30}$) 02 ($\frac{4}{8}$, $\frac{2}{8}$)

03 ($\frac{14}{35}$, $\frac{15}{35}$) 04 ($\frac{12}{18}$, $\frac{15}{18}$) 05 ($\frac{24}{32}$, $\frac{4}{32}$) 06 ($\frac{16}{28}$, $\frac{7}{28}$)

07 21,($\frac{7}{7}$, $\frac{3}{3}$),($\frac{14}{21}$, $\frac{9}{21}$) 08 ($\frac{6}{10}$, $\frac{5}{10}$)

09 ($\frac{6}{12}$, $\frac{5}{10}$) 10 ($\frac{16}{56}$, $\frac{49}{56}$) 11 ($\frac{18}{45}$, $\frac{20}{45}$) 12 ($\frac{10}{18}$, $\frac{9}{18}$)

44회(63p)

01 4,($\frac{2}{2}$, $\frac{1}{1}$),($\frac{2}{4}$, $\frac{3}{4}$) 02 6,($\frac{2}{2}$, $\frac{1}{1}$),($\frac{6}{8}$, $\frac{1}{6}$)

03 8,($\frac{2}{2}$, $\frac{1}{1}$),($\frac{6}{8}$, $\frac{7}{8}$) 04 35,($\frac{7}{7}$, $\frac{5}{5}$),($\frac{14}{35}$, $\frac{25}{35}$)

05 18,($\frac{3}{3}$, $\frac{2}{2}$),($\frac{3}{18}$, $\frac{14}{18}$) 06 20,($\frac{5}{5}$, $\frac{2}{2}$),($\frac{15}{20}$, $\frac{6}{20}$)

07 36,($\frac{4}{4}$, $\frac{3}{3}$),($\frac{8}{36}$, $\frac{15}{36}$) 08 24,($\frac{4}{4}$, $\frac{3}{3}$),($\frac{20}{24}$, $\frac{3}{24}$)

01 12, ($\frac{3}{3}$, $\frac{2}{2}$), ($\frac{9}{12}$, $\frac{2}{12}$) **02** ($\frac{3}{6}$, $\frac{5}{6}$)

03 ($\frac{6}{9}$, $\frac{5}{6}$) **04** ($\frac{6}{15}$, $\frac{7}{15}$) **05** ($\frac{4}{24}$, $\frac{9}{24}$) **06** ($\frac{16}{36}$, $\frac{15}{36}$)

07 18, ($\frac{3}{3}$, $\frac{2}{2}$), ($\frac{15}{18}$, $\frac{10}{18}$) **08** ($\frac{6}{8}$, $\frac{1}{8}$)

09 ($\frac{21}{24}$, $\frac{10}{24}$) **10** ($\frac{10}{45}$, $\frac{24}{45}$) **11** ($\frac{8}{10}$, $\frac{9}{10}$) **12** ($\frac{7}{42}$, $\frac{33}{42}$)

01 12, ($\frac{4}{4}$, $\frac{3}{3}$), ($\frac{8}{12}$, $\frac{9}{12}$) **02** ($\frac{6}{12}$, $\frac{10}{12}$)

03 ($\frac{24}{40}$, $\frac{35}{40}$) **04** ($\frac{9}{36}$, $\frac{8}{36}$) **05** ($\frac{8}{48}$, $\frac{18}{48}$) **06** ($\frac{28}{35}$, $\frac{20}{35}$)

07 9, ($\frac{3}{3}$, $\frac{1}{1}$), ($\frac{6}{9}$, $\frac{3}{9}$) **08** ($\frac{10}{12}$, $\frac{1}{12}$)

09 ($\frac{9}{15}$, $\frac{1}{15}$) **10** ($\frac{15}{21}$, $\frac{10}{21}$) **11** ($\frac{9}{12}$, $\frac{10}{12}$) **12** ($\frac{35}{42}$, $\frac{9}{42}$)

01 $\frac{15}{18}$ > $\frac{14}{18}$ **02** $\frac{6}{8}$ > $\frac{5}{8}$ **03** $\frac{9}{24}$ < $\frac{10}{24}$ **04** $\frac{10}{45}$ < $\frac{12}{45}$

05 $\frac{4}{10}$ > $\frac{3}{10}$ **06** $\frac{3}{6}$ > $\frac{1}{6}$ **07** $\frac{6}{9}$ < $\frac{7}{9}$ **08** $\frac{10}{14}$ > $\frac{9}{14}$

01 $\frac{9}{12}$ < $\frac{10}{12}$ **02** $\frac{9}{18}$ > $\frac{6}{18}$ **03** $\frac{35}{42}$ < $\frac{36}{42}$

04 $\frac{15}{40}$ < $\frac{16}{40}$ **05** $\frac{42}{60}$ > $\frac{40}{60}$ **06** $\frac{25}{60}$ < $\frac{28}{60}$

07 $\frac{3}{6}$ < $\frac{5}{6}$ **08** $\frac{6}{9}$ > $\frac{5}{9}$ **09** $\frac{3}{12}$ < $\frac{5}{12}$

10 $\frac{5}{30}$ > $\frac{4}{30}$ **11** $\frac{9}{30}$ > $\frac{4}{30}$ **12** $\frac{44}{48}$ > $\frac{39}{48}$

01 $\frac{2}{4}$ > $\frac{1}{4}$ **02** $\frac{2}{6}$ > $\frac{1}{6}$ **03** $\frac{15}{20}$ < $\frac{16}{20}$

04 $\frac{18}{45}$ < $\frac{25}{45}$ **05** $\frac{25}{30}$ > $\frac{21}{30}$ **06** $\frac{9}{24}$ < $\frac{10}{24}$

07 $\frac{9}{12}$ > $\frac{7}{12}$ **08** $\frac{8}{24}$ < $\frac{9}{24}$ **09** $\frac{15}{40}$ < $\frac{16}{40}$

10 $\frac{9}{30}$ > $\frac{8}{30}$ **11** $\frac{20}{48}$ < $\frac{21}{48}$ **12** $\frac{28}{63}$ < $\frac{33}{63}$

01 주영이 = $\frac{2}{5}$ 미현이 = $\frac{3}{8}$

분수의 크기는 통분하여 분자가 큰 분수가 크므로,
$\frac{2}{5}$와 $\frac{3}{8}$을 통분하면 $\frac{16}{40}$과 $\frac{15}{40}$가 되므로, $\frac{16}{40}$이 더 큽니다.

답) 주영이가 더 많이 먹었습니다.

02 동생 = $\frac{1}{6}$ 나 = $\frac{1}{4}$

분수의 크기는 통분하여 분자가 큰 분수가 크므로,
$\frac{1}{6}$와 $\frac{1}{4}$을 통분하면 $\frac{2}{12}$과 $\frac{3}{12}$가 되므로, $\frac{3}{12}$이 더 큽니다. 답) 나에게 더 많이 주셨습니다.

03 민희 = $26\frac{2}{5}$ 지민이 = $26\frac{4}{15}$

분수의 크기는 통분하여 분자가 작은 분수가 더 작습니다.
$\frac{2}{5}$와 $\frac{4}{15}$을 통분하면 $\frac{6}{15}$과 $\frac{4}{15}$가 되므로, $\frac{4}{15}$이 더 작습니다.

답) 민희가 더 가볍습니다.

01 14, ($\frac{7}{7}$, $\frac{2}{2}$), ($\frac{7}{14}$, $\frac{8}{14}$) **02** ($\frac{10}{15}$, $\frac{6}{15}$)

03 ($\frac{24}{32}$, $\frac{20}{32}$) **04** ($\frac{24}{30}$, $\frac{5}{30}$) **05** ($\frac{45}{54}$, $\frac{18}{54}$) **06** ($\frac{40}{70}$, $\frac{49}{70}$)

07 6, ($\frac{2}{2}$, $\frac{1}{1}$), ($\frac{2}{6}$, $\frac{5}{6}$) **08** ($\frac{5}{20}$, $\frac{6}{20}$)

09 ($\frac{27}{45}$, $\frac{35}{45}$) **10** ($\frac{35}{56}$, $\frac{20}{56}$) **11** ($\frac{16}{36}$, $\frac{21}{36}$) **12** ($\frac{45}{50}$, $\frac{28}{50}$)

52회(73p)
01 16, $(\frac{8}{8}, \frac{2}{2})$, $(\frac{8}{16}, \frac{2}{16})$ 02 $(\frac{7}{21}, \frac{3}{21})$
03 $(\frac{20}{40}, \frac{12}{40})$ 04 $(\frac{24}{60}, \frac{25}{60})$ 05 $(\frac{33}{66}, \frac{6}{66})$ 06 $(\frac{36}{63}, \frac{7}{63})$
07 28, $(\frac{7}{7}, \frac{2}{2})$, $(\frac{14}{28}, \frac{6}{28})$ 08 $(\frac{15}{30}, \frac{2}{30})$
09 $(\frac{9}{72}, \frac{4}{72})$ 10 $(\frac{16}{72}, \frac{21}{72})$ 11 $(\frac{16}{80}, \frac{20}{80})$ 12 $(\frac{15}{36}, \frac{2}{36})$

53회(74p)
01 $(\frac{4}{8}, \frac{6}{8})$ $(\frac{2}{4}, \frac{3}{4})$ 06 $(\frac{50}{80}, \frac{56}{80})$ $(\frac{25}{40}, \frac{28}{40})$
02 $(\frac{10}{15}, \frac{9}{15})$ $(\frac{24}{60}, \frac{25}{60})$ 07 $(\frac{30}{135}, \frac{72}{135})$ $(\frac{10}{45}, \frac{24}{45})$
03 $(\frac{18}{24}, \frac{20}{24})$ $(\frac{9}{12}, \frac{10}{12})$ 08 $(\frac{108}{120}, \frac{50}{120})$ $(\frac{54}{60}, \frac{25}{60})$
04 $(\frac{18}{45}, \frac{35}{45})$ $(\frac{18}{45}, \frac{35}{45})$ 09 $(\frac{98}{168}, \frac{36}{168})$ $(\frac{49}{84}, \frac{18}{84})$
05 $(\frac{8}{48}, \frac{18}{48})$ $(\frac{4}{24}, \frac{9}{24})$ 10 $(\frac{36}{270}, \frac{165}{270})$ $(\frac{12}{90}, \frac{55}{90})$

54회(75p)
01 평행, 3 02 8, 3, 직각, 4
03 전개도, 실, 점, 여러가지 04 같, 같, 3

55회(76p)
01 2 02 18 03 6 04 61 05 59
06 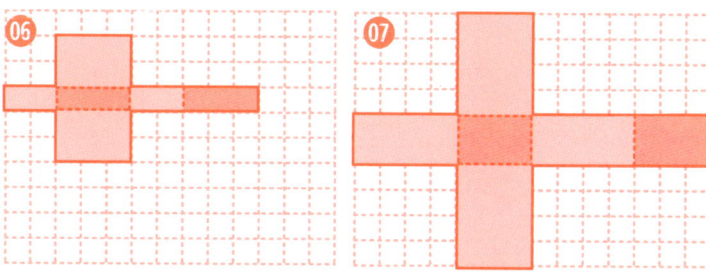 07

※ 전개도는 여러가지 모양이 나올 수 있습니다.
머리 속에서 어떤 모습일지 잘 그려지지 않는다면
종이를 잘라서 만들어 보세요.
도형을 보고 전개도를 그릴 줄 알고,
전개도를 보고, 어떤 도형인지도 알아야 합니다.

56회(78p)
01 $\frac{7}{12}$ $(\frac{4}{4}, \frac{3}{3})(\frac{4}{12}, \frac{3}{12})$ 04 $\frac{2}{3}$ $(\frac{3}{3}, \frac{1}{1})(\frac{3}{6}, \frac{1}{6})$
02 $\frac{31}{36}$ $(\frac{9}{9}, \frac{4}{4})(\frac{27}{36}, \frac{4}{36})$ 05 $\frac{1}{2}$ $(\frac{2}{2}, \frac{1}{1})(\frac{4}{10}, \frac{1}{10})$
03 $\frac{31}{40}$ $(\frac{8}{8}, \frac{5}{5})(\frac{16}{40}, \frac{15}{40})$ 06 $\frac{5}{6}$ $(\frac{3}{3}, \frac{1}{1})(\frac{9}{12}, \frac{1}{12})$

57회(79p)
01 $\frac{4}{7}$ 02 $\frac{2}{3}$ 03 $\frac{5}{6}$ 04 $\frac{13}{15}$
05 $1\frac{2}{15}$ 06 $1\frac{1}{2}$ 07 $1\frac{1}{2}$ 08 $1\frac{1}{6}$

58회(80p)
01 $1\frac{1}{3}$ 02 $1\frac{1}{6}$ 03 $1\frac{2}{3}$ 04 $1\frac{1}{3}$
05 $1\frac{3}{4}$ 06 $1\frac{3}{16}$ 07 $1\frac{1}{24}$ 08 $1\frac{7}{30}$
09 $1\frac{1}{20}$ 10 $1\frac{8}{63}$ 11 $1\frac{1}{24}$ 12 $1\frac{1}{10}$

59회(81p)
01 $1\frac{1}{15}$ 02 $\frac{33}{40}$ 03 $1\frac{1}{45}$ 04 $\frac{47}{50}$
05 $1\frac{1}{3}$ 06 $\frac{39}{40}$ 07 $\frac{17}{36}$ 08 $1\frac{11}{48}$
09 $1\frac{8}{15}$ 10 $\frac{1}{3}$ 11 $1\frac{7}{24}$ 12 $\frac{41}{45}$

60회(82p)
01 $1\frac{2}{9}$ 02 $\frac{5}{9}$ 03 $\frac{39}{40}$ 04 $1\frac{1}{7}$
05 $1\frac{4}{15}$ 06 $\frac{19}{36}$ 07 $\frac{1}{3}$ 08 $\frac{11}{12}$
09 $1\frac{7}{24}$ 10 $\frac{9}{28}$ 11 $\frac{27}{40}$ 12 $\frac{39}{44}$
13 $\frac{8}{9}$ 14 $1\frac{1}{9}$ 15 $1\frac{1}{6}$ 16 $1\frac{13}{36}$
17 $\frac{11}{12}$ 18 $\frac{13}{30}$ 19 $1\frac{4}{21}$ 20 $1\frac{13}{60}$

61회 (84p)

01. $4\frac{2}{9}$　02. $2\frac{1}{6}$　03. $5\frac{1}{3}$　04. $3\frac{1}{18}$

05. $4\frac{2}{9}$　06. $2\frac{1}{6}$　07. $5\frac{1}{3}$　08. $3\frac{1}{18}$

62회 (85p)

01. $3\frac{3}{4}$　02. $3\frac{1}{7}$　03. $3\frac{3}{8}$　04. $6\frac{8}{21}$

05. $4\frac{3}{28}$　06. $5\frac{1}{10}$　07. $5\frac{3}{10}$　08. $2\frac{1}{20}$

09. $3\frac{1}{2}$　10. $4\frac{23}{24}$　11. $4\frac{8}{9}$　12. $5\frac{5}{6}$

63회 (86p)

01. $6\frac{5}{24}$　02. $2\frac{11}{12}$　03. $5\frac{14}{45}$　04. $2\frac{3}{4}$

05. $6\frac{1}{5}$　06. $4\frac{2}{5}$　07. $4\frac{4}{9}$　08. $2\frac{1}{4}$

09. $4\frac{17}{20}$　10. $4\frac{5}{12}$　11. $6\frac{2}{21}$　12. $4\frac{4}{21}$

64회 (87p)

01. $4\frac{9}{40}$　02. $4\frac{2}{21}$　03. $7\frac{11}{12}$　04. $3\frac{1}{16}$

05. $3\frac{25}{36}$　06. $6\frac{5}{36}$　07. $4\frac{11}{20}$　08. $2\frac{3}{14}$

09. $3\frac{1}{2}$　10. $5\frac{2}{15}$　11. $4\frac{17}{24}$　12. $4\frac{13}{30}$

65회 (88p)

01. 식) $2\frac{1}{6}+4\frac{3}{4}$　　답) $3\frac{17}{35}$ 통

02. 식) $27\frac{7}{12}+3\frac{3}{8}$　　답) $30\frac{23}{24}$ kg

03. 식) $1\frac{1}{10}+3\frac{2}{25}$　　답) $4\frac{9}{50}$ kg

※ 틀리는 문제가 계속 있다면 곱셈구구를 5번 큰 소리로 외우고
천천히 꼼꼼히 풀어보세요.
반복해서 틀리는 문제는 왜 틀리는 지 생각해 보고,
부족한 부분은 더 연습하도록 합니다.

66회 (90p)

01. $\frac{1}{12}$　02. $\frac{23}{36}$　03. $\frac{1}{40}$

04. $\frac{1}{3}$　05. $\frac{1}{2}$　06. $\frac{2}{3}$

67회 (91p)

01. $\frac{1}{3}$　02. $\frac{13}{63}$　03. $\frac{2}{3}$　04. $\frac{2}{21}$

05. $\frac{3}{4}$　06. $\frac{1}{16}$　07. $\frac{17}{24}$　08. $\frac{1}{6}$

09. $\frac{9}{20}$　10. $\frac{5}{14}$　11. $\frac{5}{24}$　12. $\frac{1}{15}$

68회 (92p)

01. $\frac{4}{15}$　02. $\frac{5}{12}$　03. $\frac{2}{3}$　04. $\frac{13}{15}$

05. $\frac{1}{3}$　06. $\frac{9}{40}$　07. $\frac{5}{18}$　08. $\frac{13}{48}$

09. $\frac{2}{15}$　10. $\frac{1}{6}$　11. $\frac{7}{24}$　12. $\frac{5}{12}$

69회 (93p)

01. $\frac{1}{12}$　02. $\frac{1}{40}$　03. $\frac{11}{30}$　04. $\frac{5}{14}$

05. $\frac{13}{30}$　06. $\frac{2}{21}$　07. $\frac{11}{18}$　08. $\frac{2}{21}$

09. $\frac{19}{40}$　10. $\frac{1}{36}$　11. $\frac{1}{48}$　12. $\frac{2}{15}$

70회 (82p)

01. $\frac{1}{9}$　02. $\frac{4}{9}$　03. $\frac{9}{40}$　04. $\frac{1}{7}$

05. $\frac{1}{15}$　06. $\frac{13}{36}$　07. $\frac{2}{3}$　08. $\frac{7}{12}$

09. $\frac{11}{24}$　10. $\frac{15}{28}$　11. $\frac{23}{40}$　12. $\frac{27}{44}$

13. $\frac{1}{9}$　14. $\frac{19}{72}$　15. $\frac{1}{2}$　16. $\frac{7}{36}$

17. $\frac{1}{6}$　18. $\frac{1}{6}$　19. $\frac{11}{36}$　20. $\frac{37}{60}$

71회(96p)

① $1\frac{5}{9}$ ② $1\frac{1}{3}$ ③ $1\frac{1}{7}$ ④ $3\frac{1}{9}$

⑤ $1\frac{5}{9}$ ⑥ $1\frac{1}{3}$ ⑦ $1\frac{1}{7}$ ⑧ $3\frac{1}{9}$

72회(97p)

① $1\frac{1}{2}$ ② $\frac{9}{10}$ ③ $\frac{5}{14}$ ④ $\frac{26}{45}$

⑤ $1\frac{1}{2}$ ⑥ $\frac{9}{10}$ ⑦ $\frac{5}{14}$ ⑧ $\frac{26}{45}$

73회(98p)

① $2\frac{2}{3}$ ② $\frac{6}{7}$ ③ $2\frac{7}{8}$ ④ $\frac{17}{21}$

⑤ $2\frac{17}{28}$ ⑥ $\frac{3}{10}$ ⑦ $1\frac{7}{10}$ ⑧ $4\frac{3}{4}$

⑨ $1\frac{1}{2}$ ⑩ $\frac{2}{3}$ ⑪ $2\frac{8}{9}$ ⑫ $\frac{5}{6}$

74회(99p)

① $2\frac{1}{4}$ ② $\frac{23}{24}$ ③ $\frac{5}{9}$ ④ $\frac{3}{4}$

⑤ $\frac{4}{5}$ ⑥ $\frac{14}{15}$ ⑦ $1\frac{8}{9}$ ⑧ $\frac{14}{15}$

⑨ $\frac{19}{20}$ ⑩ $\frac{5}{6}$ ⑪ $\frac{13}{21}$ ⑫ $\frac{10}{21}$

75회(100p)

① 현재 양 = 처음 우유 – 어제 먹은 양 – 오늘 먹은 양
이므로 처음 우유 – 어제 먹은 양의 값에 오늘 먹은 양을
빼면 됩니다.

식) $4 - 1\frac{3}{4} - 1\frac{2}{3}$ 답) $\frac{7}{12}$ 통

② 식) $2\frac{3}{10} - 1\frac{1}{5}$ 답) $1\frac{1}{10}$ km

③ 식) $3\frac{3}{4} - 1\frac{5}{12}$ 답) $2\frac{1}{3}$ kg

76회(102p)

① $\times$ 2, 가로, 세로, 2 ② $(6+4)\times2=20$, $(2+3)\times2=10$

③ 4, $3\times4=12$ ④ 곱, $\times$ ⑤ $6\times4=24$ $2\times3=6$

⑥ $3\times3=9$

77회(103p)

① 40,72 ② 50,102 ③ 48,135

④ 125,525 ⑤ 56,36 ⑥ 30.14

78회(104p)

① 4×5, 20 ② 5×2, 10 ③ 4×3, 12 ④ 4×5, 20

⑤ 5×3, 15 ⑥ $(9\times6)\div2$, 27 ⑦ $(12\times4)\div2$, 24

⑧ $(8\times8)\div2$, 32 ⑨ $(14\times8)\div2$, 56 ⑩ $(7\times4)\div2$, 14

79회(105p)

① $(2+8)\times5\div2$, 25 ② $(4+9)\times6\div2$, 39

③ $(14+8)\times7\div2$, 77 ④ $(18+24)\times12\div2$, 252

⑤ $(4+1)\times2\div2$, 5 ⑥ $(4\times7)\div2$, 14 ⑦ $(5\times2)\div2$, 5

⑧ $(12\times6)\div2$, 36 ⑨ $(12\times8)\div2$, 48 ⑩ $(8\times8)\div2$, 32

80회(102p)

① 직사각형, 48 ② 평행사변형, 63 ③ 삼각형, 10

④ 사다리꼴, 36 ⑤ 마름모, 22.5 ⑥ 정사각형, 100

⑦ 직각삼각형, 63 ⑧ 마름모, 80 ⑨ 평행사각형, 156

⑩ 사다리꼴, 135

※ 삼각형의 성질을 다시 적어보세요.
예각삼각형, 직각삼각형, 둔각삼각형, 정삼각형

※ 사각형의 성질을 다시 생각하고 정리해 봅니다.
사다리꼴 〉 평행사변형 〉 마름모 〉 직각사각형 〉 정사각형

※ 사각형은 모양에 따라 넓이를 구하는 공식이 다릅니다.
아래 모양의 넓이를 구하는 공식을 다시 적어 봅니다.
사다리꼴 〉 평행사변형 〉 마름모 〉 직각사각형 〉 정사각형

81회(108p)

01 $1\frac{1}{6}$ 02 $3\frac{3}{8}$ 03 $1\frac{1}{5}$ 04 $1\frac{7}{9}$ 05 $5\frac{1}{4}$

06 $1\frac{2}{7}$ 07 $1\frac{1}{2}$ 08 $4\frac{1}{2}$ 09 $1\frac{1}{3}$ 10 $1\frac{1}{3}$

82회(109p)

01 $6\frac{1}{2}$ 02 $14\frac{7}{9}$ 03 $9\frac{1}{4}$ 04 $8\frac{2}{3}$

05 $11\frac{1}{4}$ 06 $7\frac{2}{3}$ 07 $9\frac{1}{2}$ 08 $13\frac{1}{3}$ 09 $18\frac{3}{4}$

83회(110p)

01 $3\frac{3}{7}$ 02 $2\frac{5}{8}$ 03 $1\frac{1}{5}$ 04 $2\frac{1}{4}$

05 $4\frac{1}{6}$ 06 $3\frac{5}{9}$ 07 $1\frac{2}{3}$ 08 $1\frac{1}{3}$

09 $1\frac{1}{3}$ 10 $1\frac{5}{9}$ 11 $1\frac{2}{3}$ 12 $3\frac{3}{13}$

84회(111p)

01 $4\frac{1}{3}$ 02 $21\frac{1}{3}$ 03 $42\frac{2}{5}$ 04 $26\frac{1}{4}$

05 $7\frac{2}{3}$ 06 $19\frac{1}{2}$ 07 $46\frac{1}{2}$ 08 $14\frac{1}{2}$ 09 16

85회(112p)

01 전체 길이 = 한개의 길이 × 개수 이므로

식) $4\frac{3}{5} \times 10$ 답) 46 m

02 식) $2\frac{4}{5} \times \frac{2}{7}$ 답) $\frac{4}{5}$ km

03 식) $30 \times 1\frac{5}{6}$ 답) 55 kg

86회(114p)

01 $\frac{1}{6}$ 02 $\frac{3}{20}$ 03 $\frac{2}{5}$ 04 $\frac{3}{10}$ 05 $\frac{15}{56}$

06 $\frac{1}{12}$ 07 $\frac{1}{10}$ 08 $\frac{1}{30}$ 09 $\frac{1}{64}$ 10 $\frac{1}{42}$

87회(115p)

01 $3\frac{11}{15}$ 02 $2\frac{5}{6}$ 03 $1\frac{11}{14}$ 04 $\frac{1}{6}$ 05 $4\frac{4}{9}$

06 $1\frac{2}{3}$ 07 5 08 $\frac{3}{4}$ 09 $14\frac{1}{7}$ 10 $3\frac{2}{3}$

88회(116p)

01 $3\frac{1}{3}$ 02 $4\frac{2}{3}$ 03 $2\frac{2}{3}$ 04 4 05 6

06 $12\frac{1}{3}$ 07 $9\frac{1}{3}$ 08 $21\frac{1}{3}$ 09 $2\frac{7}{8}$

89회(117p)

01 $1\frac{1}{3}$ 02 $3\frac{3}{8}$ 03 $\frac{1}{5}$ 04 $\frac{4}{9}$ 05 $6\frac{1}{4}$

06 $14\frac{7}{9}$ 07 $3\frac{1}{6}$ 08 $\frac{74}{135}$ 09 $1\frac{13}{20}$ 10 $1\frac{7}{12}$

11 $9\frac{1}{2}$ 12 $8\frac{4}{5}$ 13 $7\frac{13}{15}$ 14 $6\frac{9}{10}$ 15 $8\frac{3}{4}$

16 $5\frac{5}{6}$ 17 4 18 $7\frac{1}{2}$ 19 $8\frac{3}{4}$ 20 $16\frac{1}{3}$

90회(118p)

01 $\frac{4}{5}$ 02 $1\frac{2}{3}$ 03 $\frac{1}{18}$ 04 $\frac{3}{56}$ 05 $7\frac{1}{4}$

06 $16\frac{2}{5}$ 07 $2\frac{1}{2}$ 08 $3\frac{1}{3}$ 09 $1\frac{3}{7}$ 10 $\frac{2}{3}$

11 $7\frac{1}{3}$ 12 $11\frac{2}{3}$ 13 28 14 $5\frac{1}{10}$ 15 $9\frac{5}{8}$

16 $5\frac{3}{25}$ 17 $4\frac{2}{3}$ 18 $3\frac{1}{7}$ 19 $17\frac{65}{117}$ 20 $3\frac{4}{15}$

91회(120p)

01 $9\frac{4}{9}$ 02 $2\frac{4}{7}$ 03 $3\frac{3}{4}$ 04 15 05 $\frac{1}{15}$

06 $\frac{2}{7}$ 07 $2\frac{11}{12}$ 08 $\frac{7}{12}$ 09 $\frac{7}{12}$ 10 $3\frac{1}{8}$

11 $30\frac{1}{4}$ 12 $5\frac{5}{6}$ 13 $8\frac{2}{3}$ 14 $11\frac{11}{12}$ 15 $7\frac{2}{3}$

16 $6\frac{3}{10}$ 17 $5\frac{3}{11}$ 18 $6\frac{13}{18}$ 19 $4\frac{1}{8}$ 20 $10\frac{1}{5}$

92회 (121p)

01 $2\frac{3}{4}$　02 $1\frac{4}{5}$　03 $1\frac{1}{3}$　04 34　05 $\frac{5}{8}$

06 $\frac{5}{28}$　07 $\frac{33}{35}$　08 $\frac{5}{14}$　09 $1\frac{3}{7}$　10 $2\frac{1}{10}$

11 $3\frac{3}{4}$　12 $25\frac{5}{6}$　13 10　14 $15\frac{1}{3}$　15 $1\frac{1}{2}$

16 $7\frac{7}{18}$　17 10　18 $10\frac{4}{13}$　19 $3\frac{1}{3}$　20 $17\frac{1}{3}$

93회 (122p)

01 식) $\frac{3}{5}\times\frac{1}{6}$　　답) $\frac{1}{10}$

02 식) $2\frac{1}{7}\times2\frac{4}{5}$　　답) $6\ cm^2$

03 식) $4\frac{2}{3}\times\frac{5}{8}$　　답) $2\frac{11}{12}\ m$

94회 (123p)

01 $\frac{5}{84}$　02 $\frac{7}{18}$　03 $\frac{1}{6}$　04 $\frac{1}{6}$　05 $\frac{1}{20}$

06 $\frac{1}{15}$　07 $2\frac{2}{9}$　08 $6\frac{1}{2}$　09 $2\frac{2}{3}$　10 50

95회 (124p)

01 $\frac{2}{3}$　02 $1\frac{2}{3}$　03 $9\frac{1}{3}$　04 $1\frac{1}{4}$　05 $2\frac{1}{4}$

06 $1\frac{1}{3}$　07 $\frac{7}{25}$　08 $\frac{7}{27}$　09 $\frac{1}{40}$　10 $\frac{1}{18}$

11 $3\frac{7}{27}$　12 $25\frac{5}{16}$　13 $8\frac{2}{5}$　14 $1\frac{1}{99}$　15 $2\frac{11}{14}$

16 $2\frac{1}{7}$　17 $\frac{22}{81}$　18 $10\frac{50}{81}$　19 $5\frac{1}{6}$　20 $18\frac{7}{10}$

96회 (126p)

01 $11\frac{1}{9}$　02 $1\frac{1}{3}$　03 $2\frac{2}{9}$　04 $\frac{5}{7}$　05 $\frac{9}{16}$

06 1　07 $\frac{4}{9}$　08 $\frac{7}{48}$　09 $\frac{7}{36}$　10 $\frac{3}{49}$

11 $11\frac{1}{9}$　12 $1\frac{1}{9}$　13 $4\frac{2}{15}$　14 $3\frac{2}{9}$　15 $4\frac{2}{3}$

16 $3\frac{2}{7}$　17 $10\frac{4}{15}$　18 $25\frac{1}{5}$　19 $11\frac{3}{7}$　20 $11\frac{5}{9}$

97회 (127p)

01 $2\frac{2}{3}$　02 $\frac{1}{2}$　03 $6\frac{2}{3}$　04 $\frac{4}{9}$　05 $\frac{1}{56}$

06 $\frac{2}{9}$　07 $\frac{1}{27}$　08 $\frac{1}{9}$　09 $\frac{1}{24}$　10 $\frac{1}{9}$

11 $11\frac{1}{2}$　12 $3\frac{8}{9}$　13 $2\frac{4}{7}$　14 $3\frac{1}{8}$　15 $2\frac{7}{24}$

16 $4\frac{1}{16}$　17 $3\frac{8}{9}$　18 $2\frac{8}{25}$　19 $12\frac{1}{2}$　20 $1\frac{1}{24}$

98회 (128p)

01 $1\frac{1}{2}$　02 $22\frac{1}{2}$　03 64　04 $\frac{13}{16}$　05 $14\frac{2}{5}$

06 $2\frac{1}{8}$　07 72　08 $12\frac{3}{5}$　09 $6\frac{2}{3}$　10 14

11 $8\frac{1}{3}$　12 $15\frac{5}{8}$

99회 (117p)

01 28　02 $\frac{27}{28}$　03 $1\frac{4}{45}$

04 $3\frac{1}{2}$　05 $1\frac{1}{3}$　06 $6\frac{3}{10}$

07 14　08 $1\frac{17}{28}$　09 $2\frac{1}{12}$

10 $1\frac{9}{16}$　11 $3\frac{3}{5}$　12 $8\frac{1}{3}$

100회 (122p)

01 식) $32\times\frac{5}{8}\times\frac{3}{4}$　　답) 15 명

02 식) $45\times\frac{1}{5}\times\frac{2}{3}$　　답) 6 장

03 식) $20000\times\frac{1}{4}\times\frac{2}{5}$　답) 2000 원

이제 5학년 1학기 원리와 계산력 부분을 모두 배웠습니다.
이것을 바탕으로 서술형/사고력 문제도 자신있게 풀어보세요!!!

수고하셨습니다.

101회 (총정리1회, 133p)

① 2, 12　② 5, 30　③ 6, 36　④ 3, 42
⑤ 4, 24　⑥ 3, 45　⑦ 2, 30　⑧ 2, 90
⑨ 5, 75　⑩ 4, 84　⑪ 3, 99　⑫ 8, 48

102회 (총정리2회, 134p)

① $\frac{6}{18}$, $\frac{15}{18}$　② $\frac{18}{24}$, $\frac{4}{24}$　③ $\frac{10}{50}$, $\frac{35}{50}$　④ $\frac{63}{72}$, $\frac{40}{72}$　⑤ $\frac{40}{48}$, $\frac{18}{48}$

⑥ $\frac{28}{35}$, $\frac{20}{35}$　⑦ $\frac{12}{108}$, $\frac{99}{108}$　⑧ $\frac{42}{98}$, $\frac{35}{98}$　⑨ $\frac{15}{150}$, $\frac{70}{150}$　⑩ $\frac{100}{240}$, $\frac{108}{240}$

⑪ $\frac{9}{15}$, $\frac{7}{15}$　⑫ $\frac{3}{9}$, $\frac{2}{9}$　⑬ $\frac{9}{21}$, $\frac{4}{21}$　⑭ $\frac{9}{12}$, $\frac{11}{12}$　⑮ $\frac{25}{30}$, $\frac{16}{30}$

⑯ $\frac{18}{45}$, $\frac{20}{45}$　⑰ $\frac{7}{56}$, $\frac{36}{56}$　⑱ $\frac{42}{60}$, $\frac{25}{60}$　⑲ $\frac{15}{50}$, $\frac{4}{50}$　⑳ $\frac{3}{42}$, $\frac{10}{42}$

103회 (총정리3회, 135p)

① $3\frac{23}{40}$　② $4\frac{5}{21}$　③ $7\frac{1}{12}$　④ $2\frac{11}{16}$　⑤ $3\frac{35}{36}$

⑥ $\frac{13}{36}$　⑦ $2\frac{11}{12}$　⑧ $\frac{13}{16}$　⑨ $\frac{31}{40}$　⑩ $2\frac{1}{16}$

⑪ $4\frac{7}{20}$　⑫ $2\frac{3}{14}$　⑬ $3\frac{1}{2}$　⑭ $3\frac{14}{15}$　⑮ $4\frac{19}{24}$

⑯ $1\frac{7}{30}$　⑰ $\frac{7}{9}$　⑱ $\frac{11}{40}$　⑲ $2\frac{12}{35}$　⑳ $4\frac{7}{90}$

104회 (총정리4회, 136p)

① $4\frac{7}{24}$　② $6\frac{1}{12}$　③ $4\frac{7}{45}$　④ $4\frac{19}{28}$　⑤ $6\frac{2}{5}$

⑥ $1\frac{7}{60}$　⑦ $\frac{53}{60}$　⑧ $1\frac{27}{40}$　⑨ $\frac{19}{36}$　⑩ $\frac{38}{63}$

⑪ $3\frac{8}{9}$　⑫ $5\frac{13}{20}$　⑬ $4\frac{13}{20}$　⑭ $2\frac{2}{3}$　⑮ $5\frac{17}{21}$

⑯ $2\frac{5}{21}$　⑰ $4\frac{11}{20}$　⑱ $3\frac{17}{18}$　⑲ $\frac{3}{20}$　⑳ $1\frac{73}{80}$

105회 (총정리5회, 137p)

① $2\frac{2}{3}$　② $6\frac{10}{21}$　③ $4\frac{5}{8}$　④ $3\frac{13}{24}$　⑤ $4\frac{3}{28}$

⑥ $1\frac{17}{21}$　⑦ $4\frac{13}{24}$　⑧ $6\frac{44}{45}$　⑨ $2\frac{1}{2}$　⑩ $\frac{25}{48}$

⑪ $4\frac{11}{30}$　⑫ $4\frac{9}{20}$　⑬ $3\frac{3}{7}$　⑭ $3\frac{8}{9}$　⑮ $4\frac{7}{12}$

⑯ $1\frac{1}{6}$　⑰ $4\frac{5}{18}$　⑱ $3\frac{17}{30}$　⑲ $\frac{9}{40}$　⑳ $\frac{23}{36}$

106회 (총정리6회, 138p)

① $1\frac{1}{2}$　② $3\frac{1}{3}$　③ $\frac{2}{9}$　④ $\frac{2}{9}$　⑤ $6\frac{1}{3}$

⑥ $13\frac{1}{5}$　⑦ $3\frac{1}{3}$　⑧ $1\frac{1}{2}$　⑨ $\frac{9}{35}$　⑩ $1\frac{1}{3}$

⑪ $3\frac{1}{3}$　⑫ $8\frac{3}{4}$　⑬ $7\frac{13}{15}$　⑭ $6\frac{9}{10}$　⑮ $8\frac{3}{4}$

⑯ $5\frac{5}{6}$　⑰ 4　⑱ $7\frac{1}{2}$　⑲ $8\frac{3}{4}$　⑳ $16\frac{1}{3}$

107회 (총정리7회, 139p)

① $\frac{2}{3}$　② $1\frac{2}{3}$　③ $9\frac{1}{3}$　④ $1\frac{1}{4}$　⑤ $2\frac{1}{4}$

⑥ $1\frac{1}{3}$　⑦ $\frac{7}{25}$　⑧ $\frac{7}{27}$　⑨ $\frac{1}{40}$　⑩ $\frac{1}{18}$

⑪ $3\frac{7}{27}$　⑫ $25\frac{5}{16}$　⑬ $8\frac{2}{5}$　⑭ $1\frac{1}{99}$　⑮ $2\frac{11}{14}$

⑯ $2\frac{1}{7}$　⑰ $\frac{22}{81}$　⑱ $10\frac{50}{81}$　⑲ $5\frac{1}{6}$　⑳ $18\frac{7}{10}$

108회 (총정리8회, 140p)

① $11\frac{1}{9}$　② $1\frac{1}{3}$　③ $2\frac{2}{9}$　④ $\frac{5}{7}$　⑤ $\frac{9}{16}$

⑥ 1　⑦ $\frac{4}{9}$　⑧ $\frac{7}{48}$　⑨ $\frac{7}{36}$　⑩ $\frac{3}{49}$

⑪ $11\frac{1}{9}$　⑫ $1\frac{1}{9}$　⑬ $4\frac{2}{15}$　⑭ $3\frac{2}{9}$　⑮ $4\frac{2}{3}$

⑯ $3\frac{2}{7}$　⑰ $10\frac{4}{15}$　⑱ $25\frac{1}{5}$　⑲ $11\frac{3}{7}$　⑳ $11\frac{5}{9}$

※ 단순사칙연산(덧셈, 뺄셈, 곱셈, 나눗셈)만 연습하기를 원하시면
www.obook.kr의 자료실(연산엑셀파일)을 이용하세요.
연산만을 너무 많이 하면, 수학이 싫어지는 지름길입니다.

※ 연산은 하루에 조금씩 꾸준히!!!